黑龙江省农垦总局科技计划攻关软科学项目（HNK11A-14-05）
黑龙江八一农垦大学学成、引进人才科研启动计划（XDB2014-09）

生态林经营者风险规避度研究

——基于黑龙江垦区的实证分析

王 宁 著

中国农业出版社

前　　言

我国于1999年开始实施退耕还林政策，2002年全面启动。自退耕还林政策实施以来，退耕还林在改善生态环境和调整农业产业结构中的作用已经显现。在退耕还林工作取得巨大成就的同时，对于如何巩固退耕还林成果也就成为了人们关注的焦点。

本书以参加退耕还林的生态林经营者为主要研究对象，分析了生态林经营者的风险规避度及影响其风险规避度的原因，并分别从风险偏好类型和经营林地规模两方面分析了风险规避度对经营者转让林木经营年限的影响，在此基础上提出了相关的建议，并对成功经验进行了总结。

主要内容涉及以下四个方面：

第一，生态林经营者风险规避度分析。通过对描述农户风险偏好效用函数形式的分析，提出了选择L－A效用函数及L－A冒险系数分析林业经营者风险偏好的依据。依据对生态林经营者和农业管理者调研所获得的主要农作物纯收益数据计算了经营林地可能获得的确定性等价。然后，依据被调研者对测试问题的选择，提出了生态林与经济林经营者风险规避度存在差异的假说，对风险规避系数与经营兑现林种所构成的交叉列联表实施卡方检验后，结果表明生态林与经济林经营者风险规避度差异显著。

第二，影响生态林经营者风险规避度的原因分析。首先分析了林业经营者风险规避的原因，然后从农业政策、预期收入和经营规模角度分析了生态林经营者风险规避度低的原因。其中，基于林地转让视角，提出生态林经营者经营林地规模影响其风险规避度的假说，并利用 Fisher 确切检验法对经营规模为 0～2 公顷与 2 公顷以上经营者的风险规避系数进行了差异检验，结果表明经营不同规模生态林的经营者风险规避系数差异显著，并得出生态林经营者经营林地规模影响其风险规避度的结论。

第三，风险规避度对生态林经营者经营意愿转让林木时间的分析。首先，依据获得多少个小班林分的胸径与树高资料，使用实验形数法测算了不同林龄生态林杨树立木材积；然后，依据可能的立木材积收益和补贴收益计算了年平均收益和等额年金收益；最后，利用 L-A 效用函数测算，分别使用绝对风险规避系数和加权 L-A 冒险系数计算了不同风险偏好类型和不同经营规模生态林经营者的效用值，进而对意愿转让年限进行了对比分析，得出风险规避度高的经营者意愿转让林木的年限要早于风险规避度低的生态林经营者的结论。所以在垦区生态林经营者总体风险规避度较低的情况下，其愿意持有林木的时间就较长，从经营者自身角度看，就有利于退耕还林成果的巩固。

第四，根据实证分析与计算结果，提出了进一步促进黑龙江垦区生态林转让与巩固生态林现有成就的建议，总结了黑龙江垦区退耕还林政策实施对促进生态林经营者积极参与林业经营和成功巩固退耕还林成果的经验。

书中的主要内容是笔者在攻读博士期间主持的黑龙江省农垦总局科技计划攻关软科学项目（HNK11A－14－05）以及回到黑龙江八一农垦大学工作后主持的黑龙江八一农垦大学学成、引进人才科研启动计划（XDB2014－09）的主要研究成果。

感谢对调研工作提供支持和帮助的林业管理人员和林业经营者。感谢黑龙江省红兴隆管局林业处处长王德辉对垦区林业的全面讲解和该分局所有农场相关最新纸质数据资料的提供以及管理人员问卷的填写；感谢红兴隆分局科研所所长（原友谊农场农业副场长）王光申对农场林业政策实施的阐述、相关林业文件的提供以及管理人员问卷的填写；感谢北大荒物流公司总经理李进对农场主要农作物土地使用费和收益数据的提供；感谢友谊农场林业科科长王生对当地造林树种、冻害和火灾等问题的讲述，管理人员问卷的填写以及与该分场生态林的电子版资料的提供；感谢友谊农场苗圃科员王刚帮助组织农户完成问卷的填写；感谢友谊农场七分场林业站站长孙向庆对分场林业的具体介绍以及对调研农户的组织和管理；感谢完成问卷填写的所有生态林和经济林经营者。感谢家人对我的支持、帮助和关心。

全书在写作过程中参考了国内外学者的相关研究成果，这对研究方法的选择和研究建议的提出都起到极大的支撑作用，在此表示真诚的感谢！

感谢翟印礼教授、陈珂教授和李旻副教授在学术探索和写作方面给予的诸多指导。

由于学识有限，不足之处敬请读者批评指正。

黑龙江八一农垦大学　王　宁

2015年8月

目　录

第一章　导　论

1.1　研究背景、目的及意义

1.1.1　研究背景

退耕还林是党中央、国务院为改善生态环境做出的重大决策。1999年开始试点，2002年全面启动。2008年以来共投入约7万人次对1亿多亩*退耕地造林任务进行了阶段验收，保存率达99.3%。2007—2011年全国共完成封山育林2 050万亩，退耕还林工程配套荒山荒地造林4 951万亩[①]。

随着退耕还林政策补助陆续到期，由于解决退耕农户长远生计问题的长效机制尚未建立，部分退耕农户生计将出现困难。在《国家林业局关于进一步加大退耕还林工程有关问题查处力度，切实巩固退耕还林成果的紧急通知》中指出，当前和今后的一项重要任务就是确保已有退耕还林成果得到巩固。各地要把对退耕还林成果的保护和管理作为重点，要落实管护责任，加大执法力度，坚决防止毁林和复垦现象发生，大力发展后续产业，保护好退耕还林者的合法权益和造林、护林的积极性[②]。

退耕还林成果的巩固工作得到了国务院的高度重视。2012年9月19日温家宝总理主持召开国务院常务会议听取了退耕还

---

* 亩为非法定计量单位，1亩=1/15公顷。——编者注

① 王楠．多部门联手推进退耕还林成果巩固（全国巩固退耕还林成果部际联席会议举行第三次会议暨现场会）[N]．中国绿色时报，2012-10-24.

② 《国家林业局关于进一步加大退耕还林工程有关问题查处力度，切实巩固退耕还林成果的紧急通知》（林发明电［2005］56号）。

林工作汇报。全国退耕还林工程2012年度阶段验收工作总结会议于2012年9月20—21日在赤峰市召开，会议指出当前要重点做好的第一项工作就是“要继续扎实做好成果巩固工作”，且计划2013年全国阶段验收面积约为1600万亩[①]。为完善退耕还林政策，巩固退耕还林成果，国务院决定继续对退耕农户给予补助，解决退耕农户生活困难问题。我国对退耕还林粮食补助办法作出调整，退耕还林粮食补助将改补现金，并规定从2008年起补贴延长一个周期，规定退耕还林补助周期为还生态林补助8年，还经济林补助5年[②]。

黑龙江垦区从2002—2009年共完成退耕还林186.5万亩，其中封山育林11万亩、退耕地造林84.5万亩、宜林荒山荒地造林91万亩。黑龙江垦区农垦总局党委结合农垦实际，按照国家和省有关政策要求出台了《黑龙江垦区退耕还林工程建设考核办法》和《黑龙江垦区退耕还林工程建设检查验收办法》，确保了退耕还林工程的顺利实施。黑龙江垦区借助退耕还林工程的实施，对盐碱、沙化、风蚀、超坡等瘠薄耕地进行了综合治理，实现年蓄水量1500万立方米，减少了土壤中氮、磷、钾等的流失量，使粮豆平均增产12.4%以上，有效地促进了农业的稳产和高产。同时，区域经济效益大幅度提高，黑龙江垦区1.5万个家庭林场承包退耕还林工程后，农户通过林粮、林药和林菌等间种使每年户均增收近6000元，预计180余万亩退耕还林林木成材后可产生直接经济效益88亿元，相当于每年增收2.9亿元[③]。

可见，从党中央、国务院到黑龙江垦区，退耕还林成果的巩固工作都得到了高度的重视。本研究在这一背景下，从经营者风

---

① 《全国退耕还林工程2012年度阶段验收工作总结会议召开》。退耕还林工程简报第12期（总第180期）。

② 《国务院关于完善退耕还林政策的通知》（国发［2007］25号）。

③ 牟景君，刘光友，郭宝松．黑龙江垦区退耕添绿一百八十多万亩［N］．中国绿色时报，2009-12-15（2）．

险规避度视角分析生态林经营者从事林业经营的意愿，希望为巩固退耕还林成果政策的制定提供一些参考建议。

1.1.2　研究目的

第一，实施退耕还林后，农村部分地区出现了复垦现象，但是黑龙江垦区却没有发生这种现象，为此，从林业经营者风险规避度视角，以黑龙江垦区生态林经营者为主要研究对象，分析生态林经营者风险规避度对其经营决策的影响，为垦区退耕还生态林成果的继续巩固提供参考建议。同时，也希望通过分析黑龙江垦区退耕还生态林的成功做法，为农村制定巩固退耕还林成果的具体措施提供一些参考。

第二，对可检索到的利用效用函数研究农户风险偏好和风险规避度的国内外文献进行分析后，获知学者采用的效用函数形式均是国外学者提出的效用函数形式，为此分析了我国学者提出的L－A效用函数可用于分析农户风险偏好和风险规避度的依据，为我国学者提出的效用函数进行更广泛的应用提供参考。

1.1.3　研究意义

1.1.3.1　理论意义

在分析了国外学者使用的描述农户风险偏好的多种效用函数形式的特点后，提出了L－A效用函数（安玉英，李绍文，1986）适用于研究林业经营者风险规避度的依据；并将L－A冒险系数和国内外广泛使用的ARA系数（Pratt，1964）的测试结果进行了对比，在二者结论一致的情况下，指出了L－A冒险系数独特的优点；将包含区间变量的确定性等价设置成为选项，可以避免为获得确定性等价需要向林业经营者解释以及对其进行多次提问的麻烦。上述关于研究方法选择依据的提出和研究方法使用程序的改进也可以为学者利用L－A效用函数、L－A冒险系数及ARA系数研究农业领域中其他类型农户的风险规避度提供参考。

1.1.3.2 实践意义

本研究以黑龙江垦区承包经营退耕还生态林的经营者为主要研究对象，对生态林经营者风险规避度进行了测算，并与经济林经营者的风险规避度进行了对比，对影响生态林经营者风险规避程度的原因以及从效用角度对其意愿转让林木时间的进行了分析，具有以下实践意义。

第一，通过分析生态林经营者和经济林经营者收入存在的较大差异，依据生态林经营者和经济林经营者对等可能确定性等价的选择计算了两类经营者的风险规避系数，且在二者均为风险规避型决策者的条件下进行了差异性检验，得出二者风险规避度差异显著，且生态林经营者风险规避程度高于经济林经营者风险规避程度的结论，可为黑龙江垦区林业管理部门对经营不同林种的林业经营者制定不同的林地补贴标准提供参考依据。

第二，从经营种植业与经营林业土地使用费的差异以及经营种植业与经营林业收入的差异这两方面分析了影响生态林经营者风险规避度的原因，可以为黑龙江垦区林业和种植业管理部门制定不同的土地使用费标准提供参考依据。

第三，依据生态林经营者风险规避度对具有不同风险偏好类型经营者意愿转让林木时间的分析，得出了越是风险规避程度高的生态林经营者越期望在较早时间转让或皆伐其林木的结论，这可以为黑龙江垦区林业管理部门帮助经营者进行林木价值评估、加强林地管护等服务功能的完善提供参考依据。

1.2 研究目标及解决的关键问题

1.2.1 研究目标

第一，测算生态林与经济林经营者的风险规避度，并进行对比分析。主要是利用 L－A 效用函数测算生态林和经济林经营者

的绝对风险规避系数和 L－A 冒险系数，并比较二者计算结果的差异；使用卡方检验法对生态林与经济林经营者的风险规避系数进行差异性检验，实证分析二者风险规避度存在的差异性。

第二，分析影响生态林经营者风险规避度的原因。一方面从政策和收入角度进行分析；另一方面基于林地转让视角，对生态林经营规模是否会影响生态林经营者风险规避进行实证分析。

第三，分析生态林经营者风险规避度对意愿转让林木时间的影响。依据人工杨树生态林立木材积收益、三次补贴收入以及生态林经营者的 ARA 系数和加权 L－A 冒险系数，计算经营者在不同经营期末（林龄）的效用值，并将其作为分析生态林经营者意愿转让林木时间这一经营决策的依据。

1.2.2 解决的关键问题

第一，提出了选择 L－A 效用函数作为测算生态林和经济林经营者效用的依据；依据经济林、生态林和种植业经营者的可能年均收入计算了可能的确定性等价，并将其设为选项，从而依据 L－A 效用函数，通过农户的一次选择而不用多次提问就可完成经营者效用函数参数的确定；给出了 L－A 效用函数中最大最小损益值的计算依据。

第二，为调研中获得的生态林经营者非对称小样本数据寻找到了适合的差异性检验方法。以国外学者使用 Fisher 确切检验法进行的研究为基础，获得了本研究可使用 Fisher 确切检验法的依据，故在满足 Fisher 确切检验的前提下，对经营不同规模生态林经营者的风险规避度进行了差异检验。

第三，为计算经营不同规模生态林经营者的效用找到了效用函数参数平均值的计算方法。计算人工杨树立木材积所需要的胸径、树高和林龄资料由黑龙江友谊农场林业科及分场林业站提供；选择实验形数法计算人工杨树的立木材积；由于要测算 3 种经营规模生态林经营者的效用值，为此就需要获得经营 3 种规模的经营者的平均风险规避系数，由于L-A冒险系数对于既定的测试者是常数，这样就可以获得3种经营规模的加权平均风险规避系数，进而求出经营不同规模生态林经营者的L-A效用函数参数的平均值，从而使计算不同规模经营者的效用成为可能。

1.3 研究方法与技术路线

本研究采用的主要研究方法如下：

在效用函数的选择方面，采用我国学者提出的L-A效用函数拟合生态林经营者和经济林经营者的效用函数，并依据此效用函数计算了不同风险偏好类型和经营不同规模生态林的经营者的效用值；利用ARA系数计算不同风险偏好类型经营者经营不同林龄人工杨树的效用值；利用加权的L-A冒险系数计算经营不同规模生态林经营者经营不同林龄生态林的效用值。

在确定性等价的获得方面，首先利用农业管理者、生态林经营者和经济林经营者提供的可能收益值设计确定性等价选项；然后利用等可能确定性等价法（ELCE法），通过被调研者的一次选择获得了生态林和经济林经营者关于林地转让这一风险事件的确定性等价。

在检验方法的使用方面，首先使用非参数的 χ^2 检验法实证分析生态林和经济林经营者风险规避度存在的差异性；然后使用Fisher确切检验法实证分析经营不同规模生态林经营者风险规避度存在的差异性；并使用SPSS17.0软件完成上述两种检验过程。

在立木材积和年收益计算方面，依据获得的人工杨树径阶、树高和林龄的实测数据，使用符合条件的实验形数法测算4～32年林龄的人工杨树的立木材积量；分别使用简单算术平均法和等额年金法计算了经营生态林期间林木的可能年收益。

本研究采用以下技术路线（图1-1）完成第三章至第五章

的内容分析。

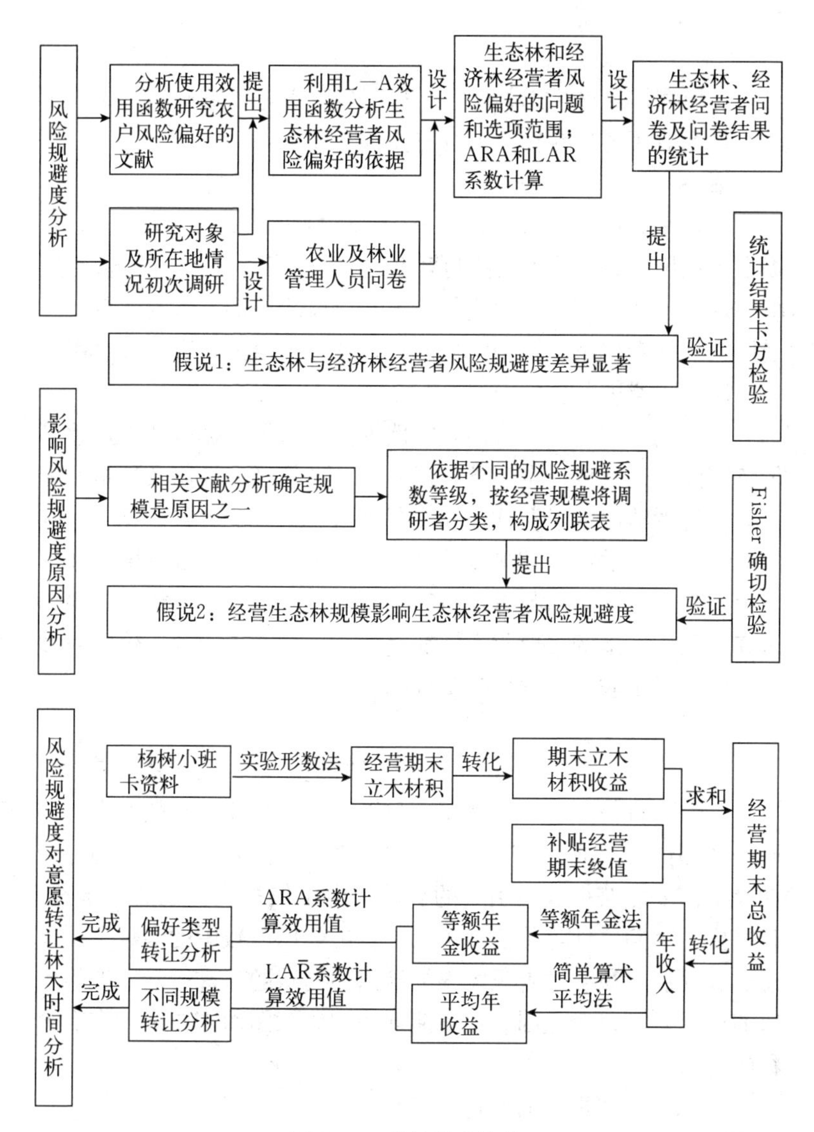

图 1－1 关键技术路线

1.4 研究创新

对黑龙江垦区生态林经营者进行风险偏好类型确定、风险规避系数和效用值的测算，涉及有关创新如下：

第一，研究方法的使用。

一是函数形式的选择。在分析了国内外相关文献的基础上，提出了利用L-A效用函数测算生态林经营者与经济林经营者风险规规避系数的依据，而国外关于农户风险规避系数的测算都是采用国外学者提出的效用函数形式，且没有给出函数形式可用于农户风险规避度分析的依据。

二是给出了研究对象的确定性等价的计算依据以及确定性等价范围的改进。依据生态林经营者、经济林经营者以及种植业和林业管理者给出的经营林地和经营种植业的可能收益计算了可能的最大最小收益值以及可能的确定性等价值，且将部分确定性等价值设为区间变量。与以往研究相比，最大最小损益值都是根据研究对象所在地的一般收入情况直接给出；而确定性等价则通过提问的方式由农户根据风险事件损益值和可能概率给出，且没有收入的区间变量。

三是将确定性等价分级别设为了被选项，被测试者只需对给出确定性等价值进行一次选择。与以往研究相比，一般都要对被调研者测试5次或7次，并且每次都需要被测者给出具体的确定性等价值才能获得效用函数的参数。由于依据L-A效用函数，只需要一个确定性等价值就可以计算出效用函数中的参数，所以设成选项后，被测试者只需根据给出的测试题目进行确定性等价值的选择，可以避免因农户不能理解调研意图而需要进行多次解释的麻烦。

第二，研究视角的变化。

一是利用L-A效用函数实证分析了生态林和经济林经营者

风险规避度的差异，计算了经营人工杨树生态林期间年收入的效用值。

二是以已有学者使用随机生产函数计算经营不同面积农作物生产者平均风险规避系数的研究为参考，本研究利用 L－A 冒险系数，辅以加权算术平均法计算了经营不同规模生态林经营者的加权平均风险规避系数，并依据平均风险规避系数确定了 L－A 效用函数中的平均参数，进而对经营不同规模生态林经营者的意愿转让时间进行了分析。

第二章 国内外相关文献回顾

2.1 生态林经营者相关概念

2.1.1 人工林、生态林和经济林的含义

由于本研究涉及对经营人工生态林和人工经济林经营者风险规避度的对比分析，所以有必要介绍人工林的概念。

FRA（Global Forest Resurces Assessment）（2000）将人工林（forest plantations）定义为在造林或重新造林过程中，通过种植或播种而形成的林分，且这些林分或者是引入的树种或者是本土的树种，其面积要求至少要达到0.5公顷，树冠覆盖种植树木的土地至少要达到10%，并且成年树的总高度应在5米以上。在很多国家使用“human made forest”或者“artifical forest”都被认为是“forest plantations”的同义词（Carle 等，2002）。在计算调研地生态林的主要造林树种杨树的立木材积时使用的小班数据均符合此概念中人工林标准。

对于生态林和经济林的概念，本研究依据《退耕还林工程生态林与经济林认定标准》给出，即在退耕还林工程中，“生态林是指营造以减少水土流失和风沙危害等生态效益为主要目的的林木，主要包括水土保持林、水源涵养林、防风固沙林以及竹林等[①]；经济林是指营造以生产果品，食用油料、饮料、调料、工业原料和药材等为主要目的的林木（杜纪山，2003）。”

---

① 在《中华人民共和国森林法》中将森林分为防护林、用材林、经济林、薪炭林和特种用途林。

2.1.2　生态林经营者范围的界定

本研究中经营者的概念依据《中华人民共和国反垄断法》第12条的规定给出，即经营者是指从事商品生产、经营或者提供服务的自然人、法人和其他组织。依据经营者、人工林和生态林的概念将生态林经营者的含义表达为：生态林经营者是指从事生态林经营的自然人、法人和其他组织。以下对本研究中生态林经营者的构成进行说明。

研究中被调研的生态林经营者包括经营人工生态林的农民个人、农民家庭、农场干部和职工、林业及非林业个体工商户，不包括国家、集体和私营经济成分[①]。本研究对此范围生态林经营者进行分析的原因如下：

第一，可获得上述范围经营者的详细信息。“国家退耕还林工程退耕地还林及荒山荒地阶段验收小班调查表”（以下简称调查表）是本研究的主要数据来源之一，此表是依据“历年退耕地还林地块落实情况表”（以下简称落实情况表）编制而成。在调查表中将经营者关于林木权属的界定分为“1-国有、2-集体、3-个人、4-其他”四种类型。在本研究中，调研对象是依据黑龙江垦区“2011年度退耕还林工程退耕地还林及荒山荒地阶段验收小班调查表”（简称2011调查表）选取，该表中的林木权属有“1”“2”和“3”三种标识，即国有、集体和个人三种。由于在获得的“2011年度历年退耕地还林地块落实情况表”中可查

---

① 由于退耕还林于1999年开始试点，在2002年才全面启动，所以2002年和2003年时农场鼓励多种经营成分承包经营林业；由于在所获得生态林和经济林经营者的林木权属资料（附录4　2011年度退耕还林工程退耕地还林阶段验收小班调查表）中未见私营经济成分，所以本研究中的被调研者也就没有私营经营者；由于要将生态林与经济林经营者进行对比研究，所以经济林经营者的范围也按生态林经营者范围进行界定。

询到有关生态林和经济林经营者姓名、农场、分场和连队[①]等详细信息，所以在实际调研中获知2011调查表中的“3-个人”实际上包括“3-个人”和“4-其他”两种权属，具体包括承包经营生态林的农民个人、农民家庭、农场干部和职工、林业及非林业个体工商户，即2011调查表将“个人”和“其他”均按“个人”代码“3”进行了填写。由于本研究不包括国有、集体和私营成分，所以本研究仅对2011调查表中林木权属代码为“3”的生态林经营者进行调研[②]。

第二，由于在刚刚开始实施退耕还林时，农场职工、农户个人和林业管理者等对承包退耕还林的未来收益预期并不乐观，所以积极性不高，为此农场林业主管部门鼓励包括个体工商户在内的上述多种成分参与经营林业。

由于农民家庭和农场职工等经营者都是农业经济和林业经济中比较熟悉的研究对象，故仅对林业经营者中的林业个体工商户含义进行解释。

“林业经济是非公有制林业的组成部分（雷加富，2008）。”“非公有制林业是指在社会主义市场经济条件下，同传统的公有制林业相对应的国有、集体以外的经济成分，即林业工商经济、林业私营经济、林业港澳台商投资经济和林业外商投资经济以及林业公有控股混合经济中的非国有和非集体所有部分等经济形态的总称（雷加富，2008）。”

“按照国家工商管理总局工商户登记管理办法，非公有制林业经济包括三种类型：一是生产资料归个人所有、个人经营的林业工商户；二是生产资料归家庭所有、家庭经营的林业工商户；

① 原表首行为“村屯”，所填内容为“分场连队”，需要说明的是黑龙江垦区分场的连队现正在进行撤队并区过程中。

② 需要说明的是“2011年度退耕还林工程退耕地还林及荒山荒地阶段验收小班调查表”中的统计的是2003年承包经营生态林的经营者的信息，林木权属没有“2-集体”这一标识。

三是若干自然人合伙经营的林业工商户。他们同私营企业的区别在于基本上不雇工或雇工很少，不超过 7 人”（雷加富，2008）。

“林业经济所从事的经济活动种类繁多，采取不同的标准可将林业经济分为不同类型。按产业构成可分为生产型和服务型林业经济。生产型林业经济的具体形式是生产物质产品的林业工商户，包括从事林业第一产业和第二产业的工商户，如绿化苗木栽培专业户和木乐器制造作坊等。服务型林业经济的具体形式是从事第三产业的工商户，包括从事林产品交易的商贩，从事森林旅游的工商户以及从事其他林业服务业的工商户”（雷加富，2008）。

本研究中的生态林个体经营者满足以下两方面的条件：一是从国家工商管理总局工商户登记管理办法看，生态林经营者可以是非公有制林业中经济的三种类型；二是从经济活动种类上看，是指按产业结构划分从事林业第一产业，且生产物质产品的生产型林业经营者。由于在研究生态林经营者的风险规避度时，与经济林经营者进行了风险规避度的对比，为此将经济林经营者也界定为在经营经济林的前提下，满足上述两个条件的经营者。

在这里需要说明的是调研地的生态林经营者还存在林业私营经济形态。“非公有制林业中的私营经济是指企业资产属于私人所有，雇工 8 人以上的林业营利性组织，包括林业个人独资、林业合伙企业和林业有限责任公司等企业类型（雷加富，2008）。”调研地 2002 年经营生态林的私营公司仅有 4 个（在附录 3 中列出），2003 年经营生态林的没有私营公司，该年仅有 1 个集体和 2 个国有（在附录 4 中列出）单位。所以，由于林业私营经济形态占生态林经营者的比例非常小，本研究没有对这一形态的生态林经营者进行风险规避度的分析。

2.2　效用函数相关概念

姜青舫（1991）对效用有两种解释：一种是指 19 世纪新古

典学派的商品效用，即经济学所说的效用；另一种是涉及心理学、经济学、管理科学等领域的现代效用，是运筹学的分支学科之一。本研究中所涉及的效用是指后者。李兴国等（2008）指出效用能够体现人们对不同风险的真实感受，在传统度量风险的方法中引入效用后使风险的度量向定量化前进了一步。在决策理论中，“效用值是对决策者风险态度的定量描述（孙家乐，1989）。”效用函数是表示决策者主观价值（效用值）与损益值关系的函数，通常假定效用值是一个相对值；效用曲线是以损益值为横坐标，以效用值为纵坐标所建立的函数曲线。因不同决策者对同一风险事件的主观评价不同，从而其效用曲线也就不同（林翔岳，1994）。在同等风险程度下，不同决策者对待风险的态度是不一样的，即相同的货币量在不同人看来具有不同的效用（孙家乐，1989）。

2.2.1 效用函数的获得方法

2.2.1.1 诺依曼—摩尔根斯坦模型（N－M法）

诺依曼（John Von Neumann）和摩尔根斯坦（Oscar Morgenstern）在第二次世界大战期间提出 N－M 效用函数方法（又被称为标准赌术法）。N－M 法是通过对测试者进行一系列的提问，然后根据受试者的回答结果获得随机事件与确定性事件在效用上等价的足够损益值点来描绘效用曲线，其具体形式需要检验通过后才能确定。这里所谈到的“与确定性事件在效用上等价的损益值”就是确定性等价（Certainty Equivalent）。风险事件的确定性等价是指与这个风险事件的预期效用相等的确定性收入，换句话说，对于给定的效用函数，确定性等价点的损益值与未来的风险收入是没有差别的。正如 Hardaker(2000）指出的按确定性等价进行排序与预期效用值进行排序的效果是一样，也就是决策者的偏好顺序。

这里所阐述的确定性等价与国内一些文献上出现的“确定型

当量值”具有相同的含义。李永春（1995）指出确定型当量值是指当决策者认为随机事件的效用和确定型事件的效用相等时，确定型事件的损益值就是随机型事件损益值的确定型当量。

一般假定决策者最倾向、最愿意的事物（或方案）的效用值为1，而最不倾向、最不愿意事物的效用值为0。以下分别使用x^*和x_*作为所有可能结果中决策者认为最有利和最不利的结果，即：

$$u(x^*)=1 \qquad u(x_*)=0$$

设决策者面临两个可选方案A_0和A_1，A_0表示在无风险的条件下获得收益x_0，A_1表示以概率p获得收益x^*，以概率$1-p$获得收益x_*。如果设$u(x)$表示收益x的效用，那么当决策者认为方案A_0和A_1等价时就有：

$$E[u(x)]=p\times u(x^*)+(1-p)u(x_*)=u(x_0)$$

上式意味着决策者认为x_0的效用等价于x^*和x_*效用的期望值。对于上式中的四个变量x_0、x^*、x_*和p，只要确定了其中的任意3个变量，就可通过提问的方式得到第4个变量值。提问方式主要有3种形式：

第一种，每次都固定p、x^*、x_*的值，改变x_0，提问：“x_0取何值时，A_1和A_2等价?”

第二种，每次都固定x_0、x^*、x_*的值，改变p，提问：“p取何值时，A_1和A_2等价?”

第三种，每次都固定p、x_0、x^*的值，提问：“x_*取何值时，您认为A_1和A_2等价?”

该方法也可以推广到具有多个可能结果的随机事件。设具有概率为$p_i(i=1, 2, \cdots, n)$的随机事件为A_i，损益值可能结果为x_i，则各条件结果的效用值就可以等价于具有确定型当量x_0的确定型事件A_0的效用。即：

$$u(x_0)=\sum_{i=1}^{n}p_iu(x_i)=p_1\times u(x_1)+p_2\times u(x_2)+\cdots+p_n\times u(x_n)$$

$$\sum_{i=1}^{n} p_i = 1$$

傅祥浩（1991）、李万军与王建明（1997）、李永春（1995）等阐述了用N－M心理测试法绘制效用曲线过程，并举例进行了说明。

2.2.1.2 等可能确定性等价法（ELCE法）

由N－M法获得效用函数过程的阐述可知，为获得确定性等价需要调整风险事件的概率 p，而概率 p 在实践中往往是难以确定的，一般都需要通过经验给出。姚升保等（2005）指出在一般的情况下都难以准确获得自然状态的概率，在自然概率的设定上都具有很大的主观性，而主观概率值在很大程度上又会直接影响决策评价的结果，并通过举例方法分析了主观概率变化导致决策结果变化的有关条件。为此，在实际计算中，为了克服风险事件概率难以确定的问题使用 $p=0.5$ 将N－M方法进行修正，被称为修正的N－M模型或等可能确定性等价模型（Equally Likely Certainty Equivalent，ELCE）（Binici，2001）①。一般情况下，研究者都直接使用“确定性等价”替代“等可能确定性等价”的名称，所以在没有特殊说明的情况下，本研究此后均使用确定性等价来代替等可能确定性等价，即在后面的章节中所获得确定性等价均是使用概率 $p=0.5$ 获得。

根据ELCE的获得方法，需每次固定 x_* 和 x^*，然后利用公式：

$$0.5u(x^*)+(1-0.5)u(x_*)=u(x)$$

获得确定性等价。具体操作时需将 x^*、x_* 改变3次，分别提问3次得到相应的值，就可以得到效用曲线上的3个点。

① 在这里需要说明的是“N－M模型”以及“修正的N－M模型”（ELCE模型）实际上并不是某一具体模型或函数方程的表达式，仅仅是一种获得与等价效用值对应的损益值的一种方法，可以对多种效用函数形式使用上述方法获得可能的损益值和效用值。

由于最初已经设置了收益最差时的效用值为 0 和收益最好时的效用为值 1 的两个点，所以就可得到效用曲线上的 5 个点，然后根据这 5 个点就可以画出效用曲线的大致图形。如果需要获得准确的效用函数表达式，一方面要根据图形和研究对象的实际情况选择合适的效用函数形式，另一方面还要进行函数的统计检验，必要时还要进行多次心理测试，从而对效用函数进行修正。

表 2-1 列出了将确定性等价与最大最小损益值一般化后引出等可能确定性等价的常用过程。

表 2-1　等可能确定性等价的引出和效用值计算的常用步骤

步骤	确定性等价的引出	效用值的计算
0		$u(f)=0;u(z)=1$
1	$(y;1.0)\sim(f,z;0.5,0.5)$	$u(y)=0.5u(f)+0.5u(z)=0.5$
2	$(h;1.0)\sim(f,y;0.5,0.5)$	$u(h)=0.5u(f)+0.5u(y)=0.25$
3	$(g;1.0)\sim(f,h;0.5,0.5)$	$u(g)=0.5u(\mathrm{f})+0.5u(h)=0.125$
4	$(j;1.0)\sim(z,y;0.5,0.5)$	$u(j)=0.5u(z)+0.5u(y)=0.75$
5	$(k;1.0)\sim(j,y;0.5,0.5)$	$u(k)=0.5u(z)+0.5u(j)=0.875$

资料来源：Binici Turan. The risk attitudes of farmers and the socioeconomic factors affecting them：A case study for Lower Seyhan Plain farmers in Adana Province，Turkey [R]. Working Paper Ankara，2001：1-11.

国外学者使用 ELCE 方法引出确定性等价的过程被广泛地应用于实证研究中。Binici(2003) 指出未见对土耳其农户风险态度研究的文献，其借助于常用的 ELCE 方法对土耳其塞伊汉河下游平原的亚达那（the Lower Seyhan Plain of Adana Province）的 50 位农户进行了实证分析。Ceyhan 和 Demiryurek（2009）借助于 ELCE 法对比了土耳其萨姆松省（Samsun Province）有机和非有机榛树生产者的风险态度。西爱琴（2006）也利用ELCE法按照Binici(2003）的方法实证评估了湖北和陕西50个农户（实际样本为100个）的风险偏好。以已有学者的研究为基础，本研究也使用ELCE方法引出林业经营者的确定性等价，但是由于使用的效用函数形式不同，所以在引出的程序上进行了改进。

2.2.2 效用函数的种类

通过对国内外文献资料的整理，现将一些学者阐述、分析和举例说明的一些效用函数整理成以下几种类型进行简单介绍。

2.2.2.1 参数效用函数

将含有待确定的参数，且能代表既定风险类型的一类效用函数称为参数效用函数，如含有参数的二次函数、三次函数、幂函数和指数函数等（Binici，2003；西爱琴，2006；Ceyhan和Demiryurek，2009等）。本研究对于该类函数的分类思路来源于对含有参数的效用函数的拟合过程，即在给定损益值上限和下限条件下，均可通过N－M心理测试法或ELCE法获得确定性等价值，依据选择的含有参数的效用函数，然后通过回归和检验后就可获得既定研究对象效用函数的参数，从而获得效用函数的表达式。

一是幂参数效用函数。学者使用不同的幂效用函数形式进行了不同领域的研究。例如，单汨源与冯晓研（2005）在研究决策者效用对供应链风险管理影响时将幂函数$u(z)=z^{\lambda}$（$\lambda>1$，风险追求型；$0<\lambda<1$，风险厌恶型；$\lambda=1$，风险中立型）及无量纲化的标准式$z(x_i)=(x_i-x_{\min})/(x_{\max}-x_{\min})$（$i=1$，…，$n$）作为供应链风险管理决策中效用值的确定标准，并分别选取$\lambda=1$，$\lambda=2$和$\lambda=1/2$，举例说明了风险中立者、风险追求者和风险规避者按照期望效用准则进行决策的过程。安玉英和李绍文(1986）论证了效用函数的存在性和可构造性，在探讨了N－M

心理测验法和利用对数函数拟合效用函数的缺陷后，提出了L-A效用函数形式 $u(x) = a(x+c)^b$[①] 以及获得函数参数的方法，并用这一函数式概括了风险规避型（又称风险保守或风险厌恶型）、风险追求型（又称风险进攻性）和风险中立型（又称风险中间型）三种类型的效用函数，他们认为“不同决策者的效用评价是一个机制下不同条件综合作用的结果，效用函数形式是一个模型下的不同参数比其分别属于不同的模型更具有合理性”。由于本研究接受了这一观点，所以使用该函数对研究的主要内容进行分析，并且在第三章中详细阐述了该函数可用于林业经营者风险规避度分析的依据。

二是指数参数效用函数。张璞等（1999）以效用最大化为前提，研究了效用函数为指数函数 $u(R)=1-\exp(-bR)$（b 为风险厌恶系数，且 $b>0$，R 是收益）时最优组合投资方案的选择问题。姜青舫通过理论阐述和举例说明，对指数形式的参数效用函数进行了多年持续的研究。姜青舫（1990）指出递减风险厌恶效用函数是效用函数中应用最广泛和研究得最充分的一类效用函数，并指出以指数函数为基本函数所进行的线性合成函数 $u=a-b_1e^{-c_1x}-b_2e^{-c_2x}$（$a$、$b_1$、$b_2$、$c_1$、$c_2$ 均大于零）是一个用途广泛的递减风险厌恶效用函数。姜青舫（1991）指出现代效用理论包括线性效用论和非线性效用论，后者是现代效用论的基础，已经具有了较为严格的理论与方法，广泛应用于管理、决策和经济分析中。并在同一篇文章中阐述了六类与各类风险态度相对应的函数，即线性函数和指数函数适用于定常风险偏好中风险中立型分析，指数组合函数与线性—指数和函数适用于递减风险厌恶性分析，线性—指数积函数与二次函数适用于递增风险型分析。在

① 由于在本研究中所有的损益值变量均用 x 表示，且使用L-A效用函数进行实证分析，所以在这里直接使用 x 将原方程中的变量 g 进行了替换，而对于其他类型的效用函数在此部分中并没有进行变量的调整。

此之后，姜青舫（2002）、姜树元与姜青舫（2007）分别利用姜青舫在1990年提出的线性合成效用函数，通过直接给定函数中的条件得到了决策人效用函数的不同计算公式，即对姜青舫1990年提出的效用函数 $u=a-b_1e^{-c_1x}-b_2e^{-c_2x}$ 进行了举例说明。

2.2.2.2 非参数效用函数

有一类非常简单的效用函数形式，即不用通过N-M心理测验法或ELCE方法确定参数。这类函数是根据三种主要风险偏好类型的风险规避系数所具有的特点直接给出效用函数的表达式，其常用的形式有对数、指数和二次函数等。郭福华与邓飞其（2009）利用对数效用函数 $u(w)=\ln(w)$（w 为财富）研究了最优财富和最优投资组合选择策略。付洁（2009）在利用效用函数 $u=\ln mw$（mw 为管理者从公司得到的财富）研究管理者风险偏好对上市公司盈余管理影响时指出，影响管理者风险偏好程度因素有五个，即个人财富、年龄、性别、持股比例和任职期限。肖翔等（2010）在研究证券市场投资组合问题时，也利用对数效用函数 $u(w)=\ln(w)$（w 为财富）进行了举例说明，并指出对数效用函数是典型的常见风险厌恶效用函数。而后，肖翔等（2011）在研究最优消费投资组合问题时，以大部分投资者风险规避为前提，使用负指数效用函数 $u(w)=-e^{-w}$ 举例阐述了最优投资策略的选择过程。由导数的性质可知，效用函数 $u(w)=\ln(w)$ 和 $u(w)=-e^{-w}$ 都具有总效用随着财富的增加而递增和边际效用递减的特点。

由此可知，在研究中也可以根据既定的风险偏好类型，直接构建能体现不同风险偏好特征的效用函数。但是该类效用函数在分析林业经营者风险偏好或风险规避度时却存在着很大的局限。由于在前述研究中已经阐述了本研究中的生态林经营者包括农户个人、农民家庭和农场职工等，而这些经营者的风险偏好类型是有差异的，所以没有使用既定风险偏好类型的效用函数进行风险规避度的分析，同时，由于经营林业的收入是有上限和下限的，

并且还要规定上限和下限收入对应的效用值当量，故使用该种类型函数分析的局限性就更大。关于这一点在第三章中有详细的说明。

2.2.2.3　隶属效用函数

隶属效用函数是将效用看成是一个模糊子集的隶属度，用相应的隶属函数来表示效用曲线。孙家乐（1989）在阐述隶属效用函数时是根据风险偏好类型直接给出了效用函数的隶属函数表达式，并对同一风险类型也给出了表示不同冒险程度或稳妥程度的隶属函数表达式。以下仅列出了风险追求型决策者的两个隶属方程，即方程（1）和方程（2）。

$$u(x)=\begin{cases}0 & x\leqslant x_* \\ \left(\dfrac{x-x_*}{x^*-x_*}\right)^2 & x_*<x<x^* \\ 1 & x\geqslant x^*\end{cases} \tag{2-1}$$

$$u(x)=\begin{cases}0 & x\leqslant x_* \\ \left(\dfrac{x-x^*}{x_*-x_*}\right)^3 & x_*<x<x^* \\ 1 & x\geqslant x^*\end{cases} \tag{2-2}$$

其中 x^* 和 x_* 分别是最大和最小收益值。虽然方程（2-1）和（2-2）都是风险追求型的效用函数，但是与方程（2-1）相比，方程（2-2）是“敢于冒大风险型”的效用函数形式。此外，还列举了风险中立型、风险稳妥型（风险厌恶型）和混合风险型决策者的隶属效用函数表达式，在进行了图形解释的基础上，其对提出的隶属函数还举例说明了决策的过程。但是，由于隶属效用函数曲线形式固定，且仍然需要在已知风险偏好类型的条件下才能进行实证分析，所以本研究也未采用该函数进行实证研究。

2.2.2.4　随机生产函数

（1）随机生产函数形式

该种生产函数由 Just 和 Pope（1978）提出，在其文章中的写法是“stochastic specification of production functions”，即将生产函数中引入了随机部分（the stochastic component of production），从而使随机生产函数由两部分构成，一部分是“deterministic component of production”，另一部分则是“the stochastic component of production”。原文根据一系列的假设条件，评估了9种随机生产函数，即：①$y=f(x)e^{\varepsilon}$，$E(\varepsilon)=0$；②$y=f(x)\varepsilon$，$E(\varepsilon)=1$；③$y=f(x)+\varepsilon$，$E(\varepsilon)=0$；④$y=f(x)g(\varepsilon)$；⑤$y=f(x)h(X)\varepsilon$；⑥$y=f(x)e^{h(X)\varepsilon}$；⑦$y=f(x)+h(X)\varepsilon$，$E(\varepsilon)=0$，$V(\varepsilon)=\sigma$；⑧$y=f(X)h(X,\varepsilon)$ ⑨$y=f(x,\varepsilon)$。

上述9种随机生产函数无需对决策者进行主观风险偏好的测试，只需根据历年实际产出和投入等变量的资料测算 Arrow-Pratt 风险规避系数（包括 ARA 系数和 RRA 系数两种）中的 ARA 系数，从而可以避免主观测试产生的思维混乱等问题以及最大最小损益值确定的麻烦等。但是该方法需要获得关于研究对象产出和投入的大量、详细和准确的面板数据，且时间年限也要求较长，如果不能获得研究对象的具体资料就难以使用上述模型进行风险系数的计算。

（2）关于运用随机生产函数进行实证分析的研究

Serra 等（2008）利用第7种生产函数模型 $y=f(x)+h(X)\varepsilon$，$E(\varepsilon)=0$，$V(\varepsilon)=\sigma$（Just 和 Pope，1978）变形后的 $y=f(X^I, Z^I, \alpha^I)+\sqrt{g(X^I, Z^I, \beta^I)}\varepsilon$ 分析了西班牙种传统植业和有机种植业农场主的风险态度。Koundouri 等（2009）利用 Just-Pope 生产函数 $y=f(x, A: z)+g(x, A)e$（Just 和 Pope，1978）研究了芬兰加入欧盟后农户风险态度的变化，并使用 C-D 生产函数 $g(x, A)=X_F{}^{\beta_F}X_L{}^{\beta_L}X_P{}^{\beta_P}X_K{}^{\beta_K}A_b{}^{\beta_b}A_W{}^{\beta_W}$ 来进行随机生产函数中风险函数 $g(x, A)e$ 的测算，且测算了不同农场规模的平均风险规避系数。Gardebroek 等（2010）在研究影响荷兰有机种植业生产者和传统种植业生产者技术投入和风险因素时，对有机肥料和化肥、除草剂和杀虫剂、全部劳动、总资本和土地、时间趋

势和农场数量因素进行了分析，其使用的是 43 个农场的 206 个观察值，但是只有 5 个农场具有 10 年的数据，19 个农场只具有 5 年或 5 年以上的数据，故使用了不平衡的面板数据进行了分析，其研究时使用 Just 和 Pope（1978）提出的理论模型 $y_{it}(X_{it}, \varepsilon_{it})=f(X_{it})+\varepsilon_{it}\sqrt{h(X_{it})}$，$E(\varepsilon_{it})=0$，$\mathrm{var}(\varepsilon_{it})=\sigma_{\varepsilon}^{2}>0$，且 y_{it} 是 i 农场在 t 年时的生产函数，$f(X_{it})$ 是与各种变量投入水平相关的确定性产出函数，$\sqrt{h(X_{it})}$ 是随机生产函数，ε_{it} 是随机扰动项，并利用 Just 和 Pope（1979）提出的估计程序对模型进行了估计。由上述分析可以看出随机生产函数对数据要求的严格性。而后，Picazo - Tadeo 和 Wall（2011）利用随机生产函数 $y=f(x;\alpha)+g(x;\beta)\varepsilon$（Just 和 Pope，1978）研究了西班牙水稻生产者的风险规避系数，并用线性方程 $r_i=r(z_i;\delta)+\xi_i$ 实证分析了影响风险态度的决定性因素。

从国外已有的文献可以看出：

第一，Just 和 Pope（1978）提出的随机生产函数在近年的研究中得到了广泛的应用，尤其是生产风险函数形式 $y=f(X)+h(X)\varepsilon$，$E(\varepsilon)=0$，$V(\varepsilon)=\sigma$ 是使用频率最高的函数形式。

第二，使用随机生产函数模型研究风险偏好和风险规避系数涉及种植业领域的较多，这是由种植业生产周期短且数据资料较为详细的特点决定的。因为与林业生产相比，有关农作物的历年产出和投入数据都要比林业产业的资料记载完善。由于数据量充足，即使存在部分年份数据不完善的情况，也不影响对生产者风险规避系数的计算，所以可利用生产函数模型对种植业经营者的风险偏好进行比较完善的分析。

可见，虽然随机生产函数有较多优点，但是由于本研究主要是对参与退耕还林的生态林业经营者风险规避度进行研究，在数据的获得方面受到诸多的限制而没有使用随机生产函数模型进行相关的研究。具体原因如下：一是由于经营林业的投入和产出均不同于种植业，尤其是当树木成长到中龄期后除管护外其他投入就比较小，从而难以获得投入与产出对应的数据；二是由于国家退耕还林工程于 1999 年才刚刚开始试点，2002 年才全面启动，所以需要的时间序列资料受到进近一步的限制，所以本研究没有采用生产函数分析林业经营者的风险规避度。

此外，对于农户风险偏好的研究，除了介绍的效用函数和生产函数，国内外学者还对期望—方差框架进行了研究。傅祥浩（1991）对期望—方差决策进行了举例说明等。Lien（2002）指出在许多与风险有关的工作中，有必要测试决策者的风险态度，而风险态度可以用绝对或相对风险规避系数进行判断，其根据期望—方差（E－V）框架和二次规划的理论模型，利用挪威农场级别的收入数据，使用非参数估计法估计了管理者的绝对风险规避系数。由于本研究不涉及该方法的使用与对比，所以不进行具体阐述。

2.3 风险偏好类型与风险规避度

2.3.1 风险偏好类型

2.3.1.1 基本类型

描述风险偏好的基本类型有三种，即风险追求型、风险中立型和风险厌恶型（图 2－1）。

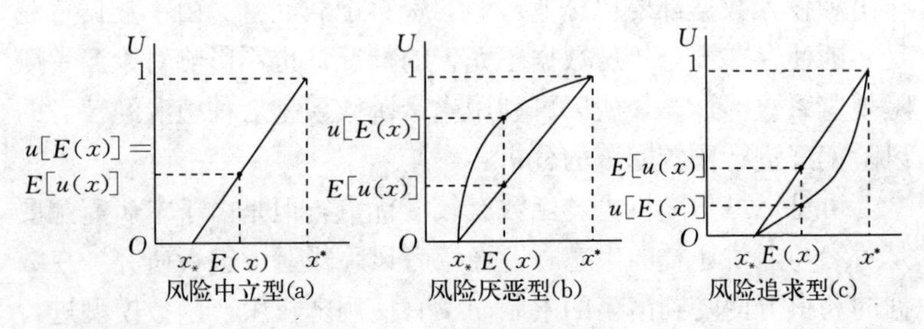

图 2－1 风险偏好类型

风险中立型决策者认为在确定情况下获得一笔收益无异于在风险情况下以期望值获得该笔收益，其效用曲线是一条直线，满足 $u'(x)>0$，$u''(x)=0$。这说明 $u(x)$ 为单调递增线性函数，即随着损益值的增加边际效用保持不变，如图 2－1（a）所示。图中 $E[u(x)]$ 是既定的最大和最小收益值效用的期望，即 $E[(u(x)]=pu(x^*)+(1-p)u(x_*)$，而 $u[E(x)]$ 是既定的最大和最小收益值期望的效用，即 $u[E(x)]=u[px^*+(1-p)x_*]$。风险中立型效用曲线上任何一点都有 $u[E(x)]=E[u(x)]$，这是因为风险事件收益的期望值给决策者带来的效用($u[E(x)]=u[p\cdot x^*+(1-p)x_*]$)与风险事件损益值的效用给决策者带来的期望($E[u(x)]=p\cdot u(x^*)+(1-p)u(x_*)$)对于风险中立型决策者来说是一致的。

风险厌恶型决策者认为在确定情况下获得一笔收益优于在风险情况下以期望值获得该笔收益，即对损失的反应特别敏感，其效用曲线形状为递增凸形，满足 $u'(x)>0$，$u''(x)<0$。表明随着收益的增加总效用也增加，但是边际效用递减，即一阶导数 $u'(x)$ 是减函数，表现为 $u[E(x)]>E[u(x)]$，如图 2－1（b）所示。可以解释为风险规避者认为按最大收益值 x^*、最小收益值 x_* 和概率 p 计算的期望值所带来的效用要大于按 $u(x^*)$、$u(x_*)$ 和 p 计算的效用的期望值。

风险追求型决策者认为在风险情况下以期望值获得一笔收益优于在确定情况下获得该笔收益，即对收益的反应特别敏感。其效用曲线的形状为递减凹形，函数满足 $u'(x)>0$，$u''(x)>0$，说明 $u(x)$ 为单调递增的凹函数，如图 2－1（c）所示。$u''(x)>0$ 表明随着收益值的增加，边际效用递增，即一阶导数 $u'(x)$ 是增函数。

2.3.1.2　非基本类型

除了上述的三种基本类型外，还有学者提出了混合风险型的风险偏好类型与定常风险偏好类型。

混合风险型是风险厌恶和风险追求的混合，是指决策人在收益值不太大时，为风险追求型，在收益值增大后，就转变为风险厌恶型，其效用曲线为先凹后凸的 S 形，如图 2-2 所示。曲线的拐点就是风险追求与风险厌恶的分界点。李万军与王建明（1997）、李锋与魏莹（2008）对代表混合风险的 S 形曲线进行了阐述和举例说明。

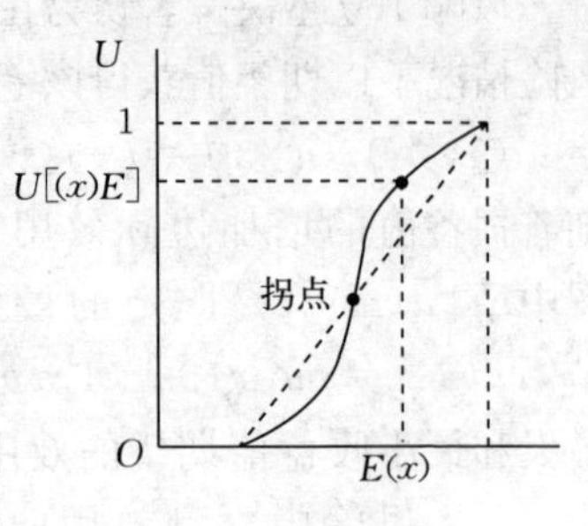

图 2-2　混合风险型

孙家乐（1989）利用隶属函数对混合风险类型进行了阐述，并给出了隶属方程（方程（2-3）和方程（2-4））和图示（图 2-3）。

$$u(x)=\begin{cases}0 & x\leqslant x_* \\ \dfrac{2}{3}\left(\dfrac{x-x_*}{x^*-x_*}\right)^{0.415} & x_*<x\leqslant\dfrac{x_*+x^*}{2} \\ 1-\dfrac{2}{3}\left(\dfrac{x-x_*}{x^*-x_*}\right)^{0.415} & \dfrac{x_*+x^*}{2}<x<x^* \\ 1 & x\geqslant x^*\end{cases} \tag{2-3}$$

$$u(x)=\begin{cases}0 & x\leqslant x_* \\ 2\left(\dfrac{x-x_*}{x^*-x_*}\right)^{2} & x_*<x\leqslant\dfrac{x_*+x^*}{2} \\ 1-2\left(\dfrac{x-x_*}{x^*-x_*}\right)^{2} & \dfrac{x_*+x^*}{2}<x<x^* \\ 1 & x\geqslant x^*\end{cases} \tag{2-4}$$

在图 2-3 中虚线 ED 为稳妥风险型（风险厌恶-风险追求型）曲线，与其对应的隶属方程为方程（2-3）；实线 DE 为风险稳妥型（风险追求-风险厌恶型）曲线，与其对应的隶属方程为方程（2-4）。这两个方程中的系数值都是由孙家乐（1989）

直接给出的，并且对方程的使用进行了举例说明。

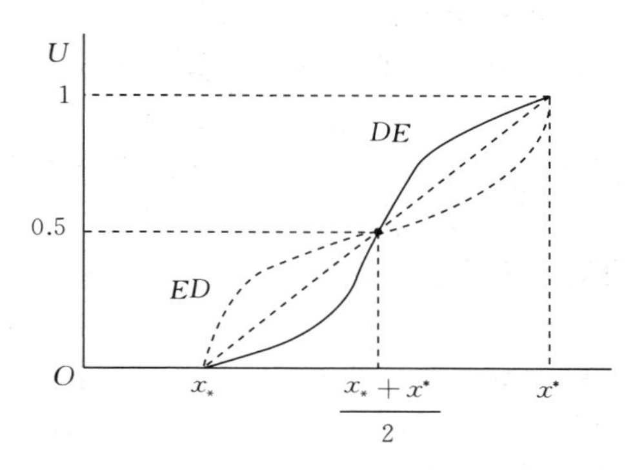

图 2-3　两种混合风险偏好类型

根据决策者给出的随机事件的评定当量（确定型当量值或确定性等价）与期望损益值的比较结果，姜树元与姜青舫（2007）依据决策者的评定当量与期望损益值之间的关系将决策者的风险态度也分为三种基本类型，即风险中立性、风险厌恶型（风险规避型）和风险偏好型（风险追求型），但是还补充了一种定常风险偏好类型。对这四种类型具体解释如下：

姜树元与姜青舫（2007）将一次二项分布记为［x_*，p，x^*］，其中 x_* 和 x^* 表示两种可能结果，x_* 表示最不利的结果，x^* 表示最有利的结果，$x_*<x^*$，且 x_*、x_0、$x^*\in X$，X 为含零正实数子集［0，$+\infty$）。中位 $p(0<p<1)$ 表示有利结果 x^* 的概率，$1-p$ 表示不利结果 x_* 的概率。决策人对非确定性事件的态度取决于他对［x_*，p，x^*］的评定当量，又称确定型当量值或确定性等价，用 x_0 代表。一个风险前景的确定性等价是指与这个风险前景的预期效用相等的确定收入，换句话说，对于给定的效用函数，确定性等价点的损益值与未来的风险收入是没有差别的，对于风险规避型决策者来说，其估计的确定性等价小于货币收益的期望值。正如 Hardaker(2004）指出的按确定性等

价进行排序与按照效用函数值进行排序的效果是一样。x_0 与 $[x_*, p, x^*]$ 的关系记为 $[x_*, p, x^*] \sim x_0$，称为无差异式，显然 $x_* < x_0 < x^*$。风险偏好不同，x_0 值也就不同。令 $E([x_*, p, x^*]) = (1-p)x_* + px^*$，据 x_0 与 $E([x_*, \alpha, x^*])$ 的大小关系，在静态条件下有且仅有三种基本风险偏好类型。如果决策人评价了无差异式 $[x_*, p, x^*] \sim x_0$，恰有 $x_0 = E([x_*, p, x^*])$，则称决策人为风险中立型；如果决策人评价了无差异式 $[x_*, p, x^*] \sim x_0$，有 $x_0 < E([x_*, p, x^*])$，则称决策人为风险厌恶（规避）型；如果决策人评价了无差异式 $[x_*, p, x^*] \sim x_0$，有 $x_0 > E([x_*, \alpha, x^*])$，则称决策人为风险追求（偏好）型。这三种基本类型与前述三种基本类型（2.2.1.1）阐述方法虽然不同，但是在基本含义上具有一致性。

若决策人既得利益（财富）水平 w 发生了变化，而他的基本风险偏好依然不变，即对所有 $w \in [0, +\infty)$，都有 $[x_*, p, x^*] + w \sim x_0 + w$，则以下关系成立：

$$[x_*, p, x^*] \sim x_0 \Leftrightarrow [x_*, p, x_*] + w \sim x_0 + w$$

称这样的决策人为定常风险偏好者。

其中：$[x_*, p, x^*] + w$ 定义为 $[x_* + w, p, x^* + w]$。

容易得到：$u([x_*, p, x^*]) = u(x_0) \Leftrightarrow u([x_* + w, p, x^* + w]) = u(x_0 + w)$

虽然，国外大量的研究文献以及国内一些文献的研究结论更倾向于农户是风险规避型的决策者。但是由于黑龙垦区鼓励多种经济成分参与承包经营退耕还林，所以就有可能出现不同风险偏好类型的林业经营者，为此，本研究在分析生态林经营者风险规避度时并没有在既定风险规避类型条件下分析林业经营者的风险规避度，而是对实测结果进行检验后确定的风险偏好类型。

2.3.2 风险规避度与风险规避系数

风险规避度是指决策者对风险事件规避的程度，其衡量指标

是风险规避系数。Lien 等（2007）指出森林所有者的风险规避度（degree of risk aversion）影响理想的森林再种植年限和投资决策[①]。Koundouri 等．（2009）指出政策变化对农户风险规避度存在影响[②]。

在目前检索到的国内外文献中，在风险偏好和风险规避度的实证研究中使用最广泛的就是绝对风险规避系数和相对风险规避系数。国内学者西爱琴（2006）使用绝对风险规避系数对农户进行了实证研究。本研究在第三章中计算了绝对风险规避系数ARA 与 L－A 冒险系数 LAR（安玉英和李绍文，1986）；在第五章中利用 ARA 系数计算了生态林经营者收益的效用值，并利用 LAR 系数计算了经营不同规模生态林经营者的加权平均风险规避系数和收益的效用值。

(1) Arrow－Pratt 风险规避系数

Pratt（1964）提出了绝对风险规避系数（Absolute Risk Aversion，ARA）的计算方法，并得到广泛应用。其将货币的效用函数设为 $u(x)$，使用多种方法对表达式 $A\ (x)=-\dfrac{u''(x)}{u'(x)}$ 进行了解释，并指出风险也被看成是企业全部有价值财产的一部分。

Arrow（1971）提出了相对风险规避系数（Relative Risk

① Lien（2007）在其发表的文章摘要中明确地写出了“degree of risk aversion”的文字（笔者认为可翻译为风险规避度或风险规避程度），其原文为“The forest owner's degree of risk aversion affects both the optimal tree replacement strategy and the reinvestment decision”。

② Koundouri 等（2009）在其发表的文章中也明确地写出了“degree of risk aversion”的文字，其原文为“We find evidence of heterogeneous risk preferences among farmers，as well as notable changes over time in farmers' degree of risk aversion”由于在目前检索到的国内外文献中并没有获得关于“风险规避度”这一词语的明确解释，所以这两篇文章是本研究题目中“风险规避度研究”这部分语言选定的依据，同时根据笔者自己的理解，给出了“风险规避度”一词的解释。

Aversion，RRA）的计算方法。相对风险规避是用于衡量财富相对水平变动对风险规避系数影响的指标。相对风险规避系数是在绝对风险规避系数公式中乘上一个货币财富变量 w，其计算公式为：$R(w)=-w\cdot u''(w)/u'(w)$。国内外学者一般都将 ARA 与 RRA 这两个指标统称为 Arrow - Pratt 风险规避。

依据绝对风险规避系数和相对风险规避系数的正负号可直接判断风险偏好类型，风险规避系数绝对值的大小能够反映出被测者规避风险的程度。但是，因为不同研究者提出的风险规避系数计算公式不同，同一符号代表的风险类型就不同。在界定了风险偏好类型的前提下，风险规避系数绝对值的大小才可以反映风险规避的程度。

（2）L - A 冒险系数

安玉英和李绍文（1986）指出同一风险类型的决策者对待风险的态度也会存在不同程度的差别，他们于 1986 年提出了以二者姓名第一个字母命名的 L - A 冒险系数。L - A 冒险系数 *RLA* 的含义是实际效用曲线偏离中间型效用直线的程度，公式如下：

$$\text{RLA}=\frac{\text{中间型效用直线下的三角形面积}-\text{决策者实际效用曲线下的曲边梯形面积}}{\text{中间型效用直线下的三角形面积}}$$

笔者认为 L - A 冒险系数 *RLA* 值是基于比例风险溢价（Proportional Risk Premium，PRP）的计算公式而提出。比例风险溢价是风险溢价与货币期望值之比，即 $PRP=RP/E$，其中，RP(Risk Premium) 为风险溢价，是确定性等价 CE 与风险事件收益的期望值之差，即 $RP=E-CE$(Hardaker，2000)。而 L - A 冒险系数 RLA 值的含义则是全部损益值区间内的风险溢价 RP 与全部损益值区间内的 E 之比。L - A 冒险系数利用积分函数完成了具体的计算过程，是对比例风险溢价的改进，不但能反映 ARA 系数和比例风险溢价 PRP 所具有的含义，而且还具有两者不具备的一些特点，即在给定了最大最小损益值的条件

下，既定决策者对于既定风险事件的风险规避系数是常数。在第三章对 L－A 冒险系数和 ARA 系数进行了测算，并在第五章能利用 L－A 冒险系数计算经营不同规模与不同林龄人工杨树生态林经营者的效用值，就是利用了这一特点。

在这里还需要说明的是两种风险规避系数的提出者对系数正负号的规定正好相反，所以依据 ARA 系数和 LAR 系数符号判断决策者的风险偏好类型时，如果阐明了两种系数正负号的含义，那么是不会影响对风险偏好类型判断的；同时，在分析风险规避程度时，在既定风险偏好类型条件下，两者也均使用系数的绝对值表示风险规避的程度。此外，Bwala 和 Bila（2009）在研究尼日利亚农户风险态度时是将收入分配的不对称值作为风险规避系数，并依据系数的正负对风险偏好类型进行了判断，依据系数绝对值的大小对风险规避程度进行了分析。根据其计算结果可知当风险规避系数值为负数时是风险规避型的农户，当风险规避系数值为正数时是风险追求型的农户，而当系数值为零时则是风险中立型的农户。这与 LAR 系数判断风险偏好类型时的符号含义是一致的。

在目前检索到的文献中还未见其他文献使用收入分配不对称值计算农户风险规避系数的研究，且该种类型的风险规避系数与广泛使用的 Arrow－Pratt 风险规避系数的几何含义又相差较远，所以本研究未使用该种系数进行风险规避的分析。

本研究选择 L－A 冒险系数进行了风险规避度的测算以及风险偏好类型的划分，选择的具体原因见第三章（3.2.1）L－A 效用函数选择依据分析；同时还将 L－A 冒险系数与绝对风险规避系数的结果进行了比较，在二者结论一致的前提下，利用 L－A 冒险系数的特点对第五章进行了测算。

2.4 关于风险偏好理论在农户行为中应用的研究

严武（1992）指出在风险型决策中最优方案的选择主要有货币损益值准则和效用值准则，当单纯的货币损益值准则不能满足选择最优方案的需要时，人们就提出了效用值准则。安玉英（1986）指出当决策者面临一次性的、风险较大的决策问题时，期望损益值模型的有效性就值得怀疑了，而期望效用值评价模型更具有合理性。

2.4.1 关于农户风险偏好对农业经营决策影响的研究

很多研究者的研究结果都表明农户的风险偏好或风险态度对其管理决策存在影响。农户的风险态度对于其管理决策的影响是重要的，越是风险规避的农户，越可能在管理决策上强调减少收入的波动，而不是强调收入的最大化（Binici，2003）。Olarinde等（2010）也指出农户的风险态度影响他们对农场的投资决策，理解影响农户风险态度的因素对于发展种植业是重要的。Bwala和Bila（2009）在研究尼日利亚南部的博尔诺州（South Part of Borno State in Nigeria）农户风险偏好时指出农户风险规避的态度限制了他们去探索改进生产方法和改善生活水平新领域的机会。管理战略与风险规避的态度具有一致性，商品的多样化生产、在年与年之间储存农作物、接受能减少产量失败可能的耕种实践活动、赚得的非农场收入以及以现金形式积累储蓄而不是投资于资本设备的改良等都与风险态度有关（Binici，2003）。

2.4.2 关于林业经营者风险偏好对林业经营决策影响的研究

学者对林业经营者风险偏好对林业经营管理决策的影响也进行了研究。Uusivuori(2002）在研究风险态度对森林土地所有者收获行为影响时指出不但个人的风险态度是不同的，而且个人的

风险态度非常可能因其收入和财富水平的变化而随时间变化。Gong 和 Löfgren（2003）指出为了更好地理解风险规避的森林所有者的木材收获行为，有必要测算在不确定的条件下风险规避态度对其木材收获决策的影响。Lien 等（2007）指出风险规避程度影响森林所有者的再种植策略和林业投资决策，在制定影响森林投资的政策时应该考虑森林所有者的风险规避程度。Ceyhan 和 Demiryurek（2009）的研究表明了榛子生产者的风险态度是影响无机榛子向有机榛子生产转换的障碍之一。

2.4.3　关于影响农户风险偏好或风险规避度原因的研究

农业生产是有风险的，生产者面对风险的态度将会影响风险生产范围内的投入选择，反过来风险态度也会受生产者某些社会经济特性的影响（Andrés J. Picazo - Tadeo 和 Alan Wall，2011）。如果不能理解为什么会发生风险，那么就不能确定怎样去改进政策或评估政策是否在使用风险模型之前就已经被改进了（Just 和 Pope，2003）。为此有必要分析影响生态林经营者风险偏好的因素。

一是关于农业政策影响农户风险偏好的研究。Enters 等（2003）指出人工林投资涉及政治的、制度的和宏观经济的稳定性，虽然从全部投资环境中分离出具体的因素是困难的，但是当感觉到风险将要降低，或者是政府对私人部门进行人工林投资的支持信号已经比较明显时，增加投资就是显而易见的事了。Gardebroek（2006）指出理解风险规避的本质也能帮助政策制定者去解释那些旨在减少风险的政策和确定具体的目标人群。Koundouri 等（2009）基于芬兰农场级别的数据，对芬兰加入欧盟后农户的风险态度进行了研究，指出在变化的政策环境中农户的风险态度存在差异，且风险规避程度随时间变化而变化显著，并指出由于芬兰加入欧盟后，农场收入的非随机部分增加，与农业生产不挂钩的农业政策通过影响农场主的风险态度而影响农业投入和农作物的混合种植。

二是关于风险规避系数运用的研究。我国学者罗伯勋与卢本捷（1997）对绝对风险规避系数（ARA）和相对风险规避系数（RRA）进行了阐述；西爱琴（2006）依据绝对风险规避系数对农户的风险规避度进行了实证分析。Laura（2007）与 Lien 等（2007）利用相对风险规避系数 RRA 进行了实证分析。郭春燕（2004）给出了三类效用函数，即指数效用函数、第一类幂函效用函数和第一类幂函效用函数，同时还给出了这三个效用函数的风险厌恶函数，即风险厌恶的 Arrow - Pratt 测度表达式。Gardebroek（2006）指出人们经常认为有机农业比传统农业更具风险性，但是未见对从事有机农业生产与从事传统生产农民风险规避的对比研究，其使用贝叶斯随机系数模型测算了荷兰从事种植业的有机和非有机农户样本的 Arrow - Pratt 绝对风险规避系数，结果表明从事有机产品生产的农户与非有机同行相比，明显地具有更小的风险规避度。Lien 等（2007）在研究风险规避与理想的森林再种植决策时阐述到：Arrow（1965）指出典型的相对风险规避系数（RRA 系数）是在 1 附近徘徊，Arrow 在分析时使用的是相对风险规避系数，且系数取值分别为 0、1、2、3 和 4。Anderson 和 Dillon（1992）提出了风险规避系数的近似分类等级，指出基于财富的相对风险规避系数的范围约在 0.5（几乎不风险规避）至 4（极端风险规避）之间。

2.5 关于经营人工林和天然林风险的研究

Löunnstedt 和 Svensson（2000）在研究非工业私有林所有者风险偏好时随机地选取了 130 位非工业私有林主，并利用电话访谈获得了实证分析的数据资料，结果表明非工业私有林主认为持有森林比持有股票和银行存款更加安全，认为价格和成本变化这些直接经济风险要比生物的损坏更重要。Enters 等（2003）

指出林产品和投入的未来价格，特别是人工林最终收获品的价格和市场的适销性都有不可避免的不确定性。Roberto（2004）指出木材价格的不确定性是菲律宾人工林投资减少的一个可理解的原因。

国内研究者对林业的气候风险、生态风险、投资风险、营林项目风险、市场价格风险和政策风险等进行了研究。谢益林（2008）对南方最重要的人工用材林树种——桉树进行了气候条件风险分析，并从品种选择、提高栽培技术和人工林动态监测网络方面提出了桉树人工林可持续经营措施体系。王春梅等（2003）通过建立东北地区森林资源森林生态风险评价指标体系，对长白山区和小兴安岭区的风险等级进行了评价。肖风劲等（2004）选择森林火灾、病虫害和酸雨作为森林生态健康的风险源，并分析了这三种风险源对森林健康的主要危害，然后在综合评价的基础上，提出不同森林风险区的管理策略。曹建华等（2006）通过对商品林投资收益率和投资风险的测定，指出政策条件还无法改变商品林投资收益率低的风险，不能对商品林投资产生足够的激励。潘家坪等（2008）分析了商品林投资中可能产生的自然风险、经济风险和政策风险等类型，提出了运用多样化经营、产业化经营和合同管理等手段和方法防范和化解商品林投资风险的建议。郑建锋等（2010）通过构建福建省商品林投资风险评价指标体系，采用主成分分析法对投资风险进行了横向评价和比较。曹容宁（2007）从风险来源角度，将营林项目风险分为自然风险、政策风险、市场风险、经营风险、技术风险和管理风险，并使用层次分析法进行了评价。

2.6　国内外研究现状评述

第一，国内外学者对可以利用效用函数研究决策者风险偏好和风险规避度以及风险偏好或风险规避度能够影响经营决策已经达成了共识；从目前所获文献可知已经用于农户风险偏好实证研究的效用函数形式或者是由国外学者提出，或者是国外学者已经运用过的效用函数形式。我国学者虽然了也提出了多种效用函数形式，并且分析了函数形式所适用的风险偏好类型，但是多数是通过举例的方法阐述函数的可应用性；另外因非参数效用函数在没有参数的条件下可省去确定效用函数形式的麻烦，可依据损益值的数据直接进行决策分析，所以我国学者利用既定风险偏好类型条件下的非参数效用函数进行了较多的研究。

第二，利用修正的 N－M(ELCE) 法，依据给出的最大最小收益值，通过对被测者进行多次提问，由被测者给出一系列的等可能确定性等价，并通过统计检验而获得效用函数的参数值是目前国内外学者在实证分析时都普遍使用的方法。

第三，关于运用效用函数对农户进行实证分析的研究。国外学者运用效用函数对种植业和林业生产者的风险偏好都进行了广泛的实证研究，且都是利用绝对风险规避系数或相对风险规避系数对决策者进行风险偏好类型和风险规避程度的判断和经营决策行为的研究。

由前面对效用函数的介绍可知，国内很多学者都对参数效用函数进行了阐述，通过直接给出效用函数的参数数值后，举例说明如何利用参数方程进行决策的过程。正如西爱琴在其博士论文中阐述到“涉及我国农业风险问题的实证研究很少，至今未见有农业风险水平和风险偏好的实证量化研究。”同时还指出“对于农户风险偏好的研究，国内目前尚未发现，属于国内首次尝试”(西爱琴，2006)。到目前为止，该文献也确实是本研究在 CNKI 上能检索到的唯一一篇利用效用函数对农户进行实证分析的文献。可见，国内学者对于林业风险的研究均未涉及使用效用函数进行分析和实证研究，并且，对于其他领域决策者风险偏好的研究也多以举例说明为主，且使用的效用函数形式均为非参数效用函数。

第四，国外近年较多地使用随机生产函数对农户风险态度、技术应用和生产投入等进行研究，但是就目前检索到的文献来看，未见利用随机生产函数对林业进行研究的文献。本研究因研究对象的特点决定了难以获得翔实的数据，所以也没有采用该类函数进行分析。

基于对国内外研究现状的分析，本研究使用我国学者提出的L-A效用函数（安玉英和李绍文，1986），依据对林业经营者和农业管理者的调研，设计了可能的确定性等价，由被测试者通过一次选择获得个人的确定性等价而计算出效用函数的参数，并利用获得的效用函数进行实证分析。

国内外已有关于风险偏好的研究成果为本研究中使用效用函数研究生态林经营者风险规避度提供了研究的基础。

2.7　本章小结

依据已有文献将本研究中涉及的主要概念、采用的效用函数类别、随机生产函数的形式、风险偏好类型和风险规避系数的分类进行了阐述；对应用风险规避系数研究农户和林业经营者决策文献的分析、对影响农户风险规避度原因相关文献的分析以及对目前可检索到的国内关于林业风险研究文献的分析都为本研究分析林业经营者风险规避度提供了研究基础；基于对国内外研究现状的分析提出了使用L-A效用函数研究林业经营者风险规避度的思路。

第三章 生态林经营者风险规避度测算

3.1 效用函数相关综述

学者使用不同的研究方法对农户的风险偏好进行了分析。Bwala 和 Bila（2009）借助于有组织的问卷，抽取了 120 个样本，利用收入分配的不对称值作为风险规避系数，并依据系数的符号进行了风险偏好类型的判断，其测算的风险规避系数范围为（－1，－0.09）、0 和（0.01，1），分别为风险规避型、风险中立型和风险追求型。Andersson 和 Gong（2010）在研究非工业私有林（Nonindustrial Private Forest，NIPF）所有者的风险偏好时是根据对问题"你愿意接受 400 瑞典克朗/立方米的固定出价，还是愿意等到将来按时价出售?"的回答结果将农户分为四种风险偏好类型，即风险规避型（接受出价）、风险中立型（等待和接受出价没有差别）、风险倾向型（等待市场价格）和不确定型（不知道怎样回答），但其未进行风险规避系数的计算。

然而更多的学者是在给定效用函数具体表达式的情况下，通过使用 ELCE 法获得效用函数的参数值来分析农户的风险态度。Löunnstedt 和 Svensson（2000）指出不同森林所有者受风险因素的影响程度不同，其变化的风险偏好是用不同的效用函数来表示的。Torkamani 和 Haji - Rahimi（2001）指出依据不同的效用函数形式可能会获得农户具有不同风险偏好类型的结果，因此其强调函数形式的选择是风险态度分析的重要方面。为了寻求适合

描述农户风险偏好的效用函数形式，学者们从理论和实证方面都进行了探索。

3.1.1　相关效用函数形式分析

每个人的效用函数都是特有的，且效用函数能完整地表达个人偏好，即在多大程度上愿意承担风险以及多大程度上愿意回避风险（陈立文，2000）。选取能真实度量人们满意程度或不满意程度的效用函数是效用理论研究的关键（赵志策，2008）。为此有必要对效用函数的获得方法以及与本研究有关的效用函数进行说明。

Zuhair 等（1992）在分析斯里兰卡种植业农户风险偏好和经营决策时指出效用函数形式的选择影响风险态度的分类和收获的战略决策，并将指数效用函数 $u=k-\theta e^{-\lambda x}$（$k$、、$\theta$、$\lambda>0$）与二次函数和三次函数进行了对比，强调该指数函数是预测成熟期收获战略的最好形式，但是这个结果不能暗示该函数在所有的情况中都是适用的。Saha（1993）认为随意地界定风险偏好类型有可能导致有偏差的风险估计，并指出依据参数值的不同设置，幂指数效用函数 $u(w)=\theta-\exp(-\beta w^{\alpha})$（$\theta>1$，$\alpha\neq 0$，$\beta\neq 0$，$\alpha\beta>0$）[①] 具有绝对风险规避与相对风险规避递增、常数和递减的特性。而后，Torkamani 和 Haji - Rahimi(2001) 也从理论特性方面指出对于研究农户风险偏好来说，幂指数效用函数（$u=\alpha-\exp(-\beta M^{\alpha})$，$\alpha\neq 0$，$\beta\neq 0$，$\alpha\beta>0$）与二次函数[②]、三次函数和

① 该函数的绝对风险规避系数为：$A(w)=-u''(w)/u'(w)=(1-\alpha+\alpha\varphi w^{\alpha})/w$。幂指数效用函数不受风险规避类型的限制，如果对参数进行限制，绝对风险规避可以是递减（$\alpha<1$）、常数（$\alpha=1$）或递增（$\alpha>1$）。

② Binici(2003) 指出在先前的研究中通常使用二次效用函数，而其本人在研究中没有使用二次函数的原因是二次函数从概念上看具有不符合效用函数需要的特性，即二次效用函数表示随着财富或收入的增加风险规避也增加，而先前更多研究表明随着收入或财富的增加风险规避是递减的。

指数函数（$u=a-be^{-\lambda M}$，a、b、$\lambda>0$）相比是更好的选择[①]。Binici(2001；2003) 使用 ELCE 方法，对土耳其塞伊汉河下游平原亚达那省（the Lower Seyhan Plain of Adana Province）50 位农户的风险态度进行了实证分析，对 4 种效用函数，即三次函数 $u(w)=\alpha_1+a_2w+a_3w^2+\alpha_4w^3$[②]，负指数函数 $u(w)=1-\exp(-\alpha w)$，幂函数 $u(w)=\alpha+\beta w^r$（$0<\gamma<1$）和幂指数函数 $u(w)=\gamma-\exp(-\varphi w^{\alpha})$（$\gamma>1$，$\varphi\neq0$，$\alpha\neq0$，$\varphi\alpha>0$）的分析结果进行了比较，在四种函数都通过了检验的前提下，指出负指数函数是描绘研究地域农户风险态度的最好形式。而后，我国学者西爱琴（2006）利用 ELCE 方法，使用二次函数、三次函数、幂函数和负指数函数实证评估了湖北和陕西 50 个农户的风险偏好，并得出农户为风险规避的结论。Ceyhan 和 Demiryurek (2009) 在对比土耳其萨姆松省（Samsun Province）有机和非有机榛树生产者的风险态度时，选择了幂函数 $u(w)=\alpha+\beta w^{\gamma}$（$0<\gamma<1$）[③] 进行了实证分析。可见，学者在利用效用函数分析农户的风险偏好时采用了不同的函数形式。

本研究采用 L－A 效用函数（安玉英和李绍文，1986)）进行实证分析，并采用一次性选择方法获得等可能确定性等价。关于 L－A 效用函数将在 3.2 部分做详细的介绍和分析。现对效用函数的变量含义和参数数量做如下说明。

---

① Torkamani 和 Haji－Rahimi(2001）使用的指数函数 $u=a-be^{-\lambda M}$（a、b、$\lambda>0$）与 Zuhair 等（1992）使用的指数函数 $u=k-\theta e^{-\lambda x}$（$k$、$\theta$、$\lambda>0$）具有相同的函数形式。

② 笔者认为，由于三次函数 $u(w)=\alpha_1+a_2w+a_3w^2+\alpha_4w^3$ 的一阶导数 $u(w)=a_2w+2a_3w+3\alpha_4w^2$ 为抛物线，这说明该函数有拐点，即表示损益值达到一定水平之后就会出现风险偏好转变的曲线，这种曲线更适合于考察同一经营主体在损益值不断变化时风险偏好的变化。

③ 原文献中未列出此方程的具体形式，通过与作者邮件（vceyhan@omu.edu.tr）沟通后获得表达式：$u(w)=\alpha+\beta w^{\gamma}$（$0<\gamma<1$）。

3.1.2 变量名称及变量值区间

确定了研究风险偏好所使用的效用函数表达式后，就需要对效用函数的变量含义和变量值的可能区间进行说明。

西爱琴（2006）指出了学者将效用表达为财富 w 的函数，却对财富的含义以及财富所包括的具体内容没有达成一致意见。但是在实证分析时学者都给出了 w 的具体含义，可采用产出的货币价值（Zuhair，1992；Binici，2001）、收入（Tauer，1986）、资产总额、净资产等指标或直接给出财富的含义。Picazo－Tadeo 和 Wall（2011）利用预期财富（anticipated wealth）指标进行了分析，并给出了财富的具体含义，即 $\pi=w_0+y-\omega x$，其中 π 为效用函数中的财富，w_0 为初始财富，y 为产出收益，ωx 为投入变量的支出。当然，在进行理论分析时可不用给出财富的具体含义，即有学者（郭福华，2009；肖翔，2010）直接使用财富指标进行了理论研究。

但是学者更倾向于使用收入指标作为效用函数中的变量。Laura Schechter(2007）在计算相对风险规避系数时，指出尽管已经拥有了家庭物质财富（家庭拥有的土地、动物和农具价值）的数据，但还是使用了收入（income）作为效用函数的变量[①]。原因是在研究中无法估量人力资本的价值（value of human capital），接受过更多教育的农户可能会做出更有利的生产选择，拥有土地较少的农户可能会从事按日获得报酬的工作，并且，有的家庭收入还会包括从事教师或护士职业者的收入；同时也指出由于收入是所有资本（不仅仅是物质资本）的回报，为此在函数中使用收入而没有使用物资资本本身。当然在对比计算结果时，其又利用物质财富数据计算了相对风险规避系数。为此，本研究选择林业经营者的可能收入作为效用函数的变量。

---

① Laura Schechter r(2007）使用的效用函数方程为：$U(c)=c^{(1-\gamma)}/(1-\gamma)$，其中 c 为消费。作者假定效用来自于日常的消费，且日常消费来自于日常收入与风险实验赢得的收入，故实际上仍然是使用收入作为效用函数变量的。

对于变量值的区间范围，傅祥浩（1991）指出风险决策与打赌和买彩票不同，在具体的决策研究中可能的收益金额是有上限的，超过上限效用函数无意义。

所以本研究在使用林业经营者的可能收入为效用函数的变量时选择可以界定收入上限和下限的 L－A 效用函数进行风险偏好类型的确定和风险规避度的分析。

3.1.3 确定性等价获取方法

Binici(2003）与西爱琴（2006）对测试者分别进行了 7 次提问获得了 9 个确定性等价值及其匹配的效用值，然后采用四种函数形式，利用最小二乘原理，在通过了显著性水平为 10%t 检验和 F 检验后，分别获得了 200 个效用函数。两位学者使用的确定性等价如表 3－1 所示。需要说明的是西爱琴（2006）在提问时使用的货币是人民币，而 Binici（2003）使用的是土耳其的里拉。

表 3－1 确定性等价引出和效用值计算举例

步骤	确定性等价的引出	效用值的计算
0		$u(0)=0$；$u(50)=1$
1	(23；1.0)～(0，50；0.5，0.5)	$u(23)=0.5u(0)+0.5u(50)=0.5$
2	(11；1.0)～(0，23；0.5，0.5)	$u(11)=0.5u(0)+0.5u(23)=0.25$
3	(5；1.0)～(0，11：0.5，0.5)	$u(5)=0.5u(0)+0.5u(11)=0.125$
4	(2；1.0)～(0，5：0.5，0.5)	$u(2)=0.5u(0)+0.5u(5)=0.0625$
5	(35；1.0)～(23，50；0.5，0.5)	$u(35)=0.5u(23)+0.5u(50)=0.75$
6	(41；1.0)～(35，50；0.5，0.5)	$u(41)=0.5u(35)+0.5u(50)=0.875$
7	(44；1.0)～(41，50；0.5，0.5)	$u(44)=0.5u(41)+0.5u(50)=0.937$

注：①按照第 1、2、3 和 4 行由小到大的顺序对原文中第二列的 5、6 和 7 行数值顺序进行了调整；②第二列中的 23、11、5、2、35、41 和 44 为 7 次提问获得的 7 个确定性等价点，与 $u(0)=0$、$u(50)=1$ 共计 9 个点。

资料来源：Binici Turan. Risk attitudes of farmers in terms of risk aversion：A case study of Lower Seyhan Plain farmers in Adana province，Turkey [J]．Turkish Journal of Agriculture and Forestry，2003，27（5）：305－312

从现有营林农户拥有的风险知识来看，本研究没有采用上述这种多次心理测试的方法获得确定性等价，而是采用一次选择的方法获得了确定性等价。安玉英和李绍文（1986）根据他们提出的L－A效用函数，对采用ELCE法进行一次性提问获得确定性等价来确定效用函数的方法以及依据效用函数进行决策的方法进行了举例说明。

本研究利用ELCE法让农户一次选择获得确定性等价值，并采用L－A效用函数计算风险规避系数。主要依据如下：

第一，等概率是农业经营者最容易理解和接受的概率，即通常所说的“一半可能性”，有利于农户对问卷中问题的理解，从而给出与实际更相符的回答；同时凡是采用ELCE方法估计效用函数的研究者无论是5次提问，还是7次提问，其每次都是用等概率进行提问的，这说明为了获得被提问者的比较准确的确定性等价，等概率是研究者常采用的概率。

第二，一次选择不会产生因提问次数过多而引起思维混乱问题。利用效用函数进行决策的主要优点是在决策时可以把决策者的风险态度考虑进去，使决策方案更能反映决策者的意图和实际需要。它的不足之处是制作效用曲线时，需要对决策者反复的心理测试，甚至在测试问答中，有些问题使决策者难以回答，导致效用曲线不能准确测定。本研究依据调研中获得的信息，将可能的确定性等价列成选择项由农户进行一次性选择可以避免因农户因不了解风险事件或是农户认为不可能存在的风险收益无法回答的困难。也就是说，对于已经给定的研究内容，实际上是不存在那么多“如果”的。以表3－1为例，如果被测试者接受了风险事件的最大可能收益500亿里拉（土耳其货币），最小可能收益是0里拉的假设，并且回答了“有50%的可能性获得500亿里拉与有50%的可能性获得0里拉等价的确定性收益是230亿里拉”（见步骤1，即表3－1中第三行第二列的等价关系），那么对于同一风险事件，他就无法回答“有50%的可能性获得230

亿里拉与有50%的可能性获得0里拉的等价的确定性事件的收益应该是多少?”因为农户认为对于同一风险事件，可能的最大与最小损益值是不能随意改变的，即在农户的心目中对于最大或最小损益值是有估计的。因此多次设置最大最小损益值，让农户在多种可能性中做出选择就容易引起思维的混乱。

第三，采用L-A效用函数计算风险规避系数可以避免一个农户具有多种偏好类型或多个风险规避系数情况的发生。即使是使用多次提问（5次或7次），实际上在回归检验中也只有7或9个观察点（事前给定的一个最大效用值点和一个最小效用值点），在利用最小二乘法进行回归时，这属于观察值较少的情况，而当观察值较少时是比较容易通过多种方程检验的，这就容易造成一个被调研对象的回答结果同时符合多个效用函数的情况，不但会导致同一损益值会有多个风险规避系数，而且会导致因风险规避系数正负号改变而出现同一经营者属于不同风险偏好类型的情况。

3.1.4 模型检验方法

学者依据不同的研究目的在进行效用函数拟合效果判断、风险规避度和风险类型差异的判断方面使用了不同的检验方法。一是对效用函数方程进行t检验与F检验。Binici(2001）对50个农户样本的五种效用函数（共250个函数）进行了t检验。二是利用χ^2检验法对影响风险偏好的因素进行了差异性检验。Löunnstedt和Svensson（2000）使用χ^2检验法检验了不同风险偏好类型的非工业私有林所有者在投资方面的差异性。Ceyhan和Demiryurek（2009）依据风险偏好类型将榛子林生产者分类后，对可能影响风险偏好类型的管理者经验（年）、每公顷农场收入、信贷资金和总资产等因素根据描述性统计的χ^2值进行了差异性检验。三是在假设研究样本服从正态分布的情况下，使用t检验进行差异显著性的判断，这也是研究者们使用最多的方

法。Koesling 等（2004）依据独立样本 t 检验的结果，指出农场的租赁面积在有机经济作物和传统经济作物种植方式之间差异显著。由于本研究不能确定林业经营者的选择是否服从正态分布，所以在本章中使用 χ^2 检验对生态林和经济林经营者风险规避度进行差异性检验。

3.2　L－A 效用函数

3.2.1　函数形式及选择依据

L－A 效用函数由我国学者安玉英和李绍文（1986）提出，函数表达式为 $U(x)=a(x+c)^b$，其中 a、b、c 分别为尺度参数、形状参数和位置参数。最大和最小收益值分别记作 x^* 和 x_*，令 $u(x^*)=1$，$u(x_*)=0$。当决策人评价了无差异式 $[x^*, 0.5, x_*]\sim x_0$ 时[①]，x_0 就是决策人对风险事件给出的确定性等价值，故可求解方程：

$$\begin{cases} a(x^*+c)^b=1 \\ a(x_0+c)^b=0.5 \\ a(x_*+c)^b=0 \end{cases}$$

结果如下：

$$a=(x^*-x_*)^{-b}\quad c=-x_*\quad b=\ln 2/[\ln(x^*-x_*)-\ln(x_0-x_*)]$$

由于 $x^*-x_*>x_0-x_*$，所以 $\ln(x^*-x_*)>\ln(x_0-x_*)$，即 $b>0$。

根据形状参数 b 的不同取值，L－A 效用函数的图形有三种，分别代表三种不同类型的风险偏好（图 3－1）。

依据 L－A 效用函数，图（a)、图（b）和图（c）分别为风

① 给定任意概率 $p(0<p<1)$ 进行心理测试，如果测试者评价了无差异式 $[x_*, p, x^*]\sim x_0$，那么得到的 x_0 都一定满足 $x_*<x_0<x^*$，且 $u(x_0)=pu(x^*)+(1-p)\ u(x_*)=p$。

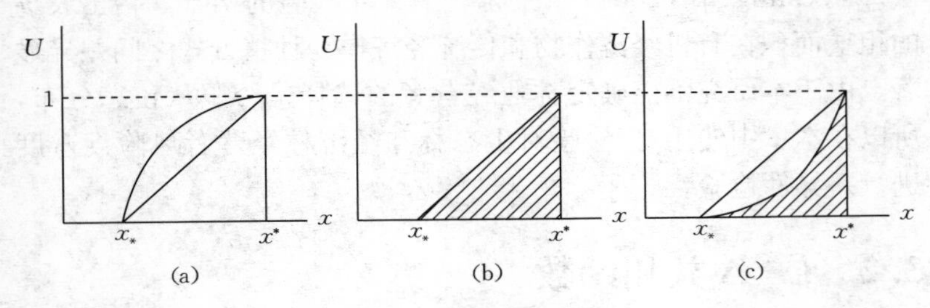

图 3-1　三种风险偏好类型

险规避型、风险中立型和风险追求型决策者的效用曲线。

由于在检索到的国内外文献中均未见使用 L-A 效用函数和 L-A 冒险系数进行实证分析的文献，所以在阐述了其基本形式后，有必要对采用的依据进行说明。

第一，L-A 效用函数是有损益值上限和下限的函数形式。因为从林业生产实际来看，可能的收益及损失都是有范围的。为此，首先应该排除无损益值上限的效用函数形式，即当且仅当 $x \to \infty$ 时，才有 $u(x)=1$ 的函数形式。对于负指数效用函数形式 $u(w)=1-\exp(-\alpha w)$（Binici，2001，2003；西爱琴，2006）来说，当且仅当 $x \to \infty$ 时有 $u(w)=1$，即收益值没有上限；同时，由于 $w=0$ 是 $u(w)=0$ 的唯一解，即只有收益为零时，才能有 $u(w)=0$。但在对于不同的农户来说，可能的负收益、零收益和一定范围内的正收益都可以使农户的主观效用值为零。所以效用函数 $u(w)=1-\exp(-\alpha w)$ 只适用于计算最理想的期望收益值可趋向无穷大，且最不理想的收益值为 0 这样风险事件中决策者的风险规避系数。

L-A 效用函数 $U(x)=a(x+c)^b$ 不但可设上限 $u(x^*)=1$（x^* 为最大收益），而且当 $u(x_*)=0$ 时，下限 x_* 根据实际研究情况可以设为负数、零或正数。

第二，L-A 效用函数能表现出三种基本的风险偏好类型。学者（Binici，2001；Binici，2003；西爱琴，2006）在使用幂效

用函数 $u(w)=\alpha+\beta w^{r}$，$0<\gamma<1$ 进行分析时将参数 γ 的范围界定为 $0<\gamma<1$，故只能体现一种风险偏好类型——风险规避型。当然，只要将效用函数 $u(w)=\alpha+\beta w^{r}$ 的参数范围重新界定，从理论和农业生产实际两方面来看，该函数都是非常理想的函数表达式。因为该函数的绝对风险规避系数 ARA 为 $r(w)=-u''(w)/u'(w)=(1-\gamma)w^{-1}$，即当 $0<\gamma<1$ 时，$r(w)>0$，故为风险规避型；当 $\gamma=1$ 时，$r(w)=0$ 为常数，故为风险中立型；当 $r>1$ 时 $r(w)<0$，故为风险追求型。可见通过对参数 λ 的界定可反映三种基本偏好类型[①]。而本研究未采用该函数分析的主要原因是在已知最大最小损益值和可能概率的前提下无法通过一次选择获得的一个确定性等价值直接求解效用函数中的参数值。

对于 $L-A$ 效用函数来说，当参数 b 取不同值时，$L-A$ 效用曲线可代表三种类型的决策者。由 $U'(x)=ab(x+c)^{b-1}\geqslant 0$ $(x+c\geqslant 0)$ 和 $U''(x)=ab(b-1)(x+c)^{b-2}$ 可知：当 $b>1$ 时，$U''(x)>0$，函数曲线为凹形，决策者为风险追求型；当 $b=1$ 时，$U''(x)=0$，函数曲线是一条直线，决策者为风险中立型；当 $b<1$ 时，$U''(x)<0$，函数曲线为凸形，决策者为风险规避型，而且方便求解参数值 a、b、c。尤其需要强调的是，当参数 $b=1$ 时，期望损益值决策模型就成了期望效用值模型的一个特例，即可以实现两大模型在决策过程上的统一。

第三，L-A 效用函数只需一次选择就能确定参数 b。由于该函数只有三个参数，通过合理设定上限和下限的损益值就可确定两个方程，再经过一次确定性等价的选择就可获得第三个方程，方便求解。多次心理测试有着烦琐和不易操作的特点（安玉英与李绍文，1986）。而 Binici（2001；2003）和西爱琴（2006）

① 绝对风险规避系数 $r(x)$ 的符号与 L-A 冒险系数 RLA 的符号虽然正好相反，但是不影响对风险偏好类型的判断。主要原因是 $r(x)$ 定义为 $r(x)=-u''(x)/u'(x)$，即是在添加了负号的基础上来定义风险偏好类型的。

在利用 $u(w)=\alpha+\beta w^{\gamma}(0<\gamma<1)$ 进行农户的风险偏好分析时，分别假定损益值的变化范围为 0～5 万人民币（西爱琴，2006）与 0～500 亿里拉（Binici，2003），且要经过 7 次提问获得 7 个确定性等价点，然后利用这些确定性等价点和最大最小损益值共 9 个点拟合效用函数方程。但是将最大收益值 5 万人民币或 500 亿里拉代入拟合后的效用函数方程后均与最大效用值 1 相差较远，即虽然拟合的方程都通过了检验，但是与实际观察值点背离较大。然而通过一次选择获得确定性等价来确定效用函数参数的方法是将 $x=x^{*}$ 直接作为效用函数方程的解，从而可以做到与给定条件 $u(x^{*})=1$ 一致。在这里需要进一步说明的是，正由于多次心理测试不易操作，所以在查阅到的文献中都是对 1 个农户测试 5 次或 7 次，然后对 7 个或 9 个点实施必要的检验，而较少的点数则容易使不同形式的效用方程都通过检验，但是参与检验的点却不一定在曲线上，这也是上述最大收益值与最大效用值不对应的原因之一。关于多形式效用方程通过检验的问题，姜青舫（2007）在其研究中也指出“按照预设性质推出的函数少则三四种，多则七八种，且无法找到每一种与原性质的严格对应关系”，并且进而解释到“即使弄清了性质，从众多函数中究竟选用哪一种来度量效用也不能确定。”而采用 L－A 效用函数形式以及通过一次选择获得的确定性等价则可以克服多形式效用方程的问题。

3.2.2 L－A 冒险系数选择依据

学者（Zuhair 等，1992；Binici，2001；Binici，2003；西爱琴，2006；Ceyhan 和 Demiryurek，2009）利用 ARA 系数对农户的绝对风险规避系数进行了分析。由 ARA 系数的计算公式 $r(x)=-u''(x)/u'(x)$ 可知给定区间内的任何一个损益值都对应着一个 $r(x)$ 值，这就会出现当利用不同损益值计算绝对风险规避系数时就会有不同的系数值，使系数值之间难以比较。然而，

L－A 冒险系数（安玉英与李绍文，1986）却可避免该问题的出现，L－A 冒险系数用积分形式可表示为：

$$RLA=\frac{\int_{x_*}^{x^*}a(x+c)\mathrm{d}x-\int_{x_*}^{x^*}a(x+c)^b\mathrm{d}x}{\int_{x_*}^{x^*}a(x+c)\mathrm{d}x}$$

下面我们简化 RLA 的计算公式，公式中的 $\int_{x_*}^{x^*}a(x+c)\mathrm{d}x$ 实际上就是图 3－1 中的三角形的面积，其值为 $\frac{1}{2}$（x^*-x_*）。实际上 $\int_{x_*}^{x^*}a(x+c)^b\mathrm{d}x$ 就是图 3－1 中三个图形阴影部分的面积。

$$\int_{x_*}^{x^*}u(x)\mathrm{d}x=\int_{x_*}^{x^*}a(x+c)^b\mathrm{d}x=\frac{a}{b+1}[(x^*+c)^{b+1}-(x_*+c)^{b+1}]$$

又由于：$c=-x^*$，$a=(x^*-x_*)^{-b}$

所以有：$\int_{x_*}^{x^*}u(x)\mathrm{d}x=\frac{x^*-x_*}{b+1}$

因此：$RLA=\frac{(x^*-x_*)/2-(x^*-x_*)/(b+1)}{(x^*-x_*)/2}=1-2/(b+1)$

上述结果说明 RLA 的取值仅与形状参数 b 有关，即：当 $0<b<1$ 时，$RLA<0$；当 $b=1$ 时，$RLA=0$；当 $b>1$ 时，$RLA>0$。若决策者为风险规避型（图 3－1（a）），则 RLA 值为负，且绝对值越大，规避风险的程度就越高；若决策者为风险中立型，则其效用曲线与三角形斜边重合（图 3－1（b）），则 RLA 值为零；若决策者为风险追求型（图 3－1（c）），则 RLA 值为正，且绝对值越大，追求风险的程度就越高。

可见，确定了 b 值后就可对 L－A 效用函数依据 ARA 和 LAR 系数的计算公式分别计算两种风险规避系数，但 LAR 系数与 ARA 系数不同的是：第一，与绝对风险规避系数 ARA 的计

算公式 $r(x)=-u''(x)/u'(x)$ 相比，L-A 冒险系数 RLA 的大小与损益值的取值无关，只与参数 $b(b=\ln 2/[\ln(x^*-x_*)-\ln(x_0-x_*)])$ 有关，即只要确定了参数 b 就可直接进行风险偏好类型的判断和风险规避系数的计算，而参数 b 又只与最大损益值 x^*、最小损益值 x_* 和被调研者给出的确定性等价 x_0 有关，与其他可能的损益值无关。第二，对于相同的确定性等价，利用两种系数计算的系数值不但在绝对值上表现不同，而且在系数的正负上也刚好相反。这主要是由于 ARA 系数的提出者在设定系数的计算公式时在系数中加入了负号①，而 LAR 系数的提出者并没有对系数的计算公式加入负号，这就导致对于同一风险偏好类型来说（风险追求型或风险规避型）LAR 系数与 ARA 系数的符号相反，即虽然两种系数的负号不同，但并不影响对风险偏好类型的判断。

本研究既根据形状参数 b 计算了 L-A 冒险系数，也依据确定性等价值计算了绝对风险规避系数，一是可对两者的计算结果进行对比，二是可为第五章采用不同的系数计算效用值做准备。

3.3 实证分析

3.3.1 研究对象、样本数、研究假说与问题设计

本研究对象中的生态林和经济林经营者均为人工林经营者，调研对象所在地是黑龙江垦区的友谊农场，该农场是世界第一大农场，有“天下第一场”之称。友谊农场拥有 160 万亩耕地，2012 年有 100 万亩水稻、50 万亩玉米、3 万亩大豆和 7 万亩经

---

① 笔者认为这样处理的原因是基于在 ARA 系数中加入负号后可使风险规避型决策者的风险规避系数为正数的考虑。

济作物[①]。本研究从2002—2003年开始承包林地的经营者中随机选择37户生态林[②]和31户经济林经营者进行风险偏好和风险规避度的分析。主要原因是截止到2011年年末，这些林地经营者承包期最短的也达到了8年，对林业经营已经比较熟悉，对持有的林木价值已有了比较合理的估计。

对于样本数量的选择主要参照学者们对该类问题分析时所使用的样本数。Tauer(1986）依据直接给定的8个不同区间的风险规避系数值，利用72个样本测算了纽约奶农的绝对风险偏好系数，其中26%是风险偏好（风险追求）的、39%是风险中立的、34%是风险规避的。Zuhair等（1992）在利用效用函数研究斯里兰卡中心省的康堤和马特莱两个农场种植业农户的风险态度时，从240个大样本中随机抽取了30个农场主进行了分析，并计算了他们的绝对风险规避系数。Torkamani和Haji-Rahimi(2001）在研究西阿塞拜疆（West Azarbaijan）地区农户的风险偏好时使用20个样本估计了4种效用函数。Binici(2003）在研究土耳其农民的风险态度时，按农民拥有的种植面积（公顷）将农民分为4组，即0.1～5公顷、5.1～10公顷、10.1～25公顷、25.1公顷以上，然后分别从这4各组中随机抽取19、14、10和7个样本，共使用了50个样本估计效用函数，并指出此样本数对于改善存在于财富中的可能波动是充足的。因为本研究旨在对比经济林和生态林经营者风险偏好的差异，在进行经济林和生态林经营者风险规避系数计算时分别选取了31个和36个样本，与已有研究的样本数量比较接近，同时该样本数也可满足χ^2检验对样本数量的要求。

---

① 黑龙江友谊农场的农机可24小时不间断作业，播种时不用人工操控.[N].农业科技报，2012－05－29（2).

② 在我国的森林法中虽然没有生态林这一分类，但是在国家退耕还林工程统计表中以及林权证发放面积统计表中均使用生态林分类名称。

研究假设：经营生态林、经济林与种植业均是风险事件；生态林经营者与经济林经营者是依据效用准则进行经营决策，而不是依据收益准进行经营则决策；对于给定的林业用地承包经营者可在生态林与经济林中进行造林选择；只要承包生态林或经济林的农户就是林业经营者，而不管其是否还经营其他行业，而作为对比研究的种植业经营者则不包括兼营林业的农户。

研究假说：生态林经营者与经济林经营者风险偏好差异显著。

问题设计：假设有 1 公顷的土地可以由你承包种树 30 年①，树种可随意选择，且林种可在经济林与生态林中进行选择。种树有一半可能性获得的最大年均收入为 53 150 元，有一半可能性获得的最小年均收入 2 700 元，问：有人出多少钱（确定性收入），你能把土地转让给他?

在这里阐述一下选择 1 公顷面积进行测试的原因。一是经营林地面积小于 1 公顷的农户数量少，经营林地面积大于 1 公顷的农户数量多，故用 1 公顷进行测试农户就比较容易接受。2002 年和 2003 年经营面积在 1 公顷以下的生态林经营者分别为 2 户和 54 户，此两年生态林经营者总数分别为 35 户和 183 户，经营面积小于 1 公顷的经营者仅占此两年全部经营者的 25.69%（见附录 5 的统计结果）。二是农场土地面积大，农户在经营种植业时就已经习惯用公顷计算产量和收益，且在对生态林和经济林经营者调研时，林业经营者无论是计算补贴、未来的收益，还是立木数量也都习惯地按公顷进行估算。

3.3.2 最大收益值 x^* 与最小收益值 x_* 的确定

Binici(2003) 在对土耳其农户风险态度的研究中时是根据研

① 因为调研地生态林主栽树种杨树的皆伐期一般为 30 年，而本研究要进行生态林和经济林经营者的对比，所以都按 30 年计算确定性等价。问题中的答案以选项的形式给出，农户只需填写字母选项即可。

究对象所在地域的情况将效用函数中收入水平的选择范围界定为0～500亿里拉（Turkisk lira），没有给出损益值范围界定依据或计算方法。西爱琴（2006）在研究湖北和陕西农户的风险偏好时，将效用函数中损益值范围界定为0～5万（元），只是阐明该范围是根据实际调查后确定的，也没有给出计算的依据。Tauer（1986）使用的收入范围是15 000～30 000美元，仅在文中对选择这一收入的原因进行了说明，并没有给出计算的依据。本研究对最大损益值、最小损益值以及介于二者之间的确定性等价均给出了说明和计算的依据。

由管理人员问卷（附录1）获知每公顷生态林间作的最小纯收益为2 700元（表3-4），将其作为L-A函数中的最小损益值x_*。主要依据如下：

一是在农场承包经营林地具有间作的可能性。虽然贫瘠的土地不允许间作，但是垦区土地肥沃，可进行间作。对于退耕还生态林的农户来说，可在速生树种（小黑14杨树）和相对生长较慢的树种（如落叶松）中进行选择。对于生长较快的树种来说，在种植的第一年可以进行林间间作，在第二年平茬（将第一年生长的地上部分修剪掉，以使其在当年能生长出更加粗壮的树苗）后，仍然可以进行间作，在第三年，由于树苗的生长高度还比较低，还是可以再进行一年的间作。大部分树种在第四年后才不能再进行间作。对于生长较慢的树种来说，由于种植时植株就比较小，在三年的长势也是比较缓慢，所以在种植后三年内均可以进行间作。当然，间作的面积和间作农作物的种类因整地规格（垅间距）而不同，间作的农作物一般有大豆和白瓜等。从上述分析中可以看出，在种植林木的前三年虽然树木本身没有经济收益，但是间作的农作物却可获得经济收益，所以在承包经营林业的前三年是可获得间作收益的。这些间作收益对承包林业承包者的风险态度也会产生影响。

二是间作收益值可作为最小收益值的原因。在调研中获知，在树苗种植初期，林地可进行林药和林苗等间作，且整个间作期间的收益可以弥补树木生长期间投入的全部物质投入成本。也就是说即使所有树苗因霜冻等因素导致绝产也可获得间作收益，故将间作收益为经营林地的最小收益值。同时由于间作收益可弥补树木生长期的全部物质投入成本，所以在确定可能的最大纯收益及可能的确定性等价时也就无需再考虑林这些成本，而直接以可能的销售收入作为最大纯收益和可能的确定性等价值。需要补充说明的是生态林所有者在进行林木砍伐时仍然会发生砍伐和运输等费用以及部分树木的损伤等损失，但是所有者认为这些均可从未来木材价格的上涨中得到补偿，所以这部分支出在计算确定性等价时也没有扣除。

在调研中了解到承包经济林（调研地仅有果树林）是经营所有林种中收益最高的林种，故以当地主产果品 123 果的最大可能收益作为 x^*，且 $x^*=53\,150$ 元/年。具体计算过程见表 3-2 的 A 级选项。

3.3.3 确定性等价的确定

先是依据农户提供的信息计算出可能的确定性等价，然后让参与调研的林地经营者根据问题中设置的选项选择其愿意接受的确定性收益，即确定性等价。全部确定性等价由 A～M 共 13 个可能级别构成，计算过程如表 3-2、表 3-3 和表 3-4 所示。

这里补充说明在问卷中给出确定性等价选项，而不是由农户给出具体确定性等价值的主要原因是调研者给出的确定性等价值差异过小，风险态度的差异性难以体现。在进行第一次问卷时，根据林业管理者和林地经营者提供的信息进行了可能的最大和最小收益值的计算，但是对农户进行测试时发现农户在回答问题时考虑的问题较少，给出的确定性等价值非常接近，而且都是以万元为单位给出，这样依据农户给出的确定性等价值仅能求得 L-A 效用函数的几个参数，且依据这些少量参数计算的风险规避系数值又极为接近，难以表现出不同农户风险态度的差别。然而，将确定性等价设置为选项则可以较好地避免上述问题的出

现。一是依据多种可能条件计算得出的选项将确定性等价进行了细分，降低了以“万”为单位给出确定性等价的误差。选项中给出的处于最大和最小损益值之间的确定性等价值是依据造林类型、退耕还林补贴、林木保存率和果品市场价格等条件进行设置和计算，且计算的依据也均由农业管理者、生态林和经济林经营者给出，从而导致选项中给出的确定性等价值并没有包括最大最小损益值之间的所有变量值，即在林业经营过程中不可能存在的损益值没有列出，选项中的确定性等价值是一系列间断值，见表3－2、表3－3和表3－4。由于生态林和经济林经营者在上述条件之间存在很大的不同，这样被测试者就可以根据自己经营林地的情况进行选择，可以避免趋同性。二是将依据不同条件计算的在数值上比较接近的确定性等价设置成为区间变量，从而使确定性等价可在一定范围内波动，可解决被测者对确定性等价值比较接近的选项难以做出选择的困惑，使被测试者的选择更能反映其实际的风险态度。

为此对农户和管理者再次进行了调研咨询，然后依据农户和管理者提供的信息，重新收集数据进行了可能的确定等价值的计算，并列成选项，让被调研者从中做出选择。

3.3.3.1　经营经济林可能获得的确定性等价

表3－2　经营经济林可能收益及计算依据

选项	确定性等价（x_0）（元）	造林类型	年均退耕补贴（元/年）	年均土地使用费（元/年）	果品年均收益		
					单价（元/千克）	年均产量（千克）	年均收益值（元/年）
A	53 150	退耕地造林	650	—	5.0	10 500	52 500
	51 050	退耕地造林	650	—	4.8	10 500	50 400
B	48 950	退耕地造林	650	—	4.6	10 500	48 300
C	46 850	退耕地造林	650	—	4.2	10 500	48 300
	46 500	自费造林	—	6 000	5.0	10 500	46 200
D	44 750	退耕地造林	650	—	4.2	10 500	44 100
	44 400	自费造林	—	6 000	4.8	10 500	50 400

（续）

选项	确定性等价（x_0）（元）	造林类型	年均退耕补贴（元/年）	年均土地使用费（元/年）	果品年均收益		
					单价（元/千克）	年均产量（千克）	年均收益值（元/年）
E	42 650	退耕地造林	650	—	4.0	10 500	42 000
	42 300	自费造林	—	6 000	4.6	10 500	48 300
F	40 200	自费造林	—	6 000	4.4	10 500	46 200
G	38 100	自费造林	—	6 000	4.2	10 500	44 100
	36 300	自费造林	—	6 000	4.0	10 500	42 000

说明：

（1）表中所有数据均按 1 公顷林地面积计算。

（2）确定性等价（x_0）＝经济林年均退耕还林补贴＋果品可能年收益－年均土地使用费。

（3）经济林年均退耕还林补贴＝[苗木补贴(元)/亩×15 亩/公顷＋(第一周期粮食补贴(元)/亩＋第一周期生活补助(元)/亩)×15 亩/公顷×5 年＋(第二周期粮食补贴(元)/亩＋第二周期生活补助(元)/亩)×15 亩/公顷×5 年]/30 年＝[50×15＋(140＋20) ×15×5＋(70＋20)×15×5]/30＝650(元/年)。

调研地退耕还林补贴享受黄河流域标准；退耕还林补助周期为：还生态林补助 8 年，还经济林补助 5 年，还草补助 2 年；补助标准为每亩退耕地每年发放粮食补助金 140 元、生活补助金 20 元。从 2008 年起，补贴政策延长一个周期，但每亩退耕地每年补助现金 70 元，20 元生活补助费继续直接补助给退耕农户。

（4）依据果农提供的信息，123 果价格一般为 4.0～5.0 元/千克，每公顷可收获 600 箱，每箱为 17.5 千克，计算收益值如下：

果品可能年收益＝箱/公顷×千克/箱×单价＝600 箱/公顷×17.5 千克/箱×(4.0～5.0) 元/千克＝4 200～52 500 元/年。

虽然每年收益仍会获得资金时间价值，但是农户都是按过去的经验进行收益的测算，并未考虑收益的时间价值，因为要测试农户的风险态度，故按农户的依据进行了计算；在果树栽植的最初几年，由于没有果品收获，故果农的收益来源于间作收益、补贴与投入的差额。需要说明的是当地果树的栽植密度为 40 株/亩，远小于生态林的初植密度 333 株/亩，故间作面积大且年限长，可获得较多的间作收益，所以在计算果品年均可能收益时并没有扣除没有果品收益的年份。

（5）年均土地使用费、果品价格与年均产量均来自管理人员问卷。

3.3.3.2　经营生态林可能获得的确定性等价

表 3-3　经营生态林可能收益及计算依据

选项	确定性等价（x_0）（元）	造林类型	年均退耕还林补贴（元/年）	林木年均收益			
				成活保存率（%）	年均单价（元/立方米）	年均分成产量（立方米）	年均收益（元/年）
H	18 508	退耕地造林	1 025	90	500	34.965 0	17 483
I	17 536	退耕地造林	1 025	85	500	33.022 5	16 511
	17 483	自费造林	——	90	500	34.965 0	17 483
J	16 511	自费造林	——	85	500	33.022 5	16 511

说明：

（1）表中所有数据均按 1 公顷林地面积计算。

（2）生态林自费造林不交土地使用费，经济林自费造林交土地使用费；农户所说的自费造林实际上是非退耕地造林，不享受国家退耕还林补贴，这些土地一般都是一些农业机械无法进入或不适宜耕作的小型地块。

（3）确定性等价（x_0）＝生态林年均退耕还林补贴＋生态林林木年均可能收益。

生态林年均退耕还林补贴＝[苗木补贴(元)/亩×15 亩/公顷＋(第一周期粮食补贴(元)/亩＋第一周期生活补助(元)/亩)×15 亩/公顷×8 年＋(第二周期粮食补贴(元)/亩＋第二周期生活补助(元)/亩)×15 亩/公顷×8 年]/30 年＝[50×15＋(140＋20)×15×8＋(70＋20)×15×8]/30＝1 025 元/年

（4）依据生态林经营者提供信息：杨树的初植密度为 333 株/亩，成活保存率一般为 85%～90%，当地木材价格近年一般为 500 元/立方米，生长 30 年的杨树每 3 棵可获得 1 立方米木材，且所获得立木株数要与当地林业部门三七分成，林地经营者分七成，故计算林木收益值如下：

生态林林木年均可能收益＝年均分成产量（立方米）×单价（元/立方米）

＝[(333 株/亩×15 亩/公顷×成活保存率(85%～90%)×0.7/(3 棵×30 年)]×500 元/立方米＝16 511～17 483 元/年

（5）选择 85%～90%的成活保存率的原因是：在 2007 年验收 2002 年造林的人工杨树时，根据退耕地还林地块落实情况表可知平均成活株数保存率为 88.33%，波动范围为 85%～96%（附录 3），但是考虑到在未来的生长期间可能还会有盗伐等可能的发生，并没有按最高的成活率计算。

3.3.3.3 经营种植业可能获得的确定性等价

本研究是分析林地经营者的风险偏好，但在这里却将经营种植业的可能收益列为经营林地的可能确定性等价，所以有必要说明原因。因为在调研时获知部分林地经营者要与经营种植业的收益进行比较后才会做出是自己经营林地还是转让林地的选择，即在选择确定性等价值时考虑了将土地种植农作物可能获得的收入。在调研地的主产农作物中，水稻和玉米的收益均超过了间作的最小收益值 2700 元/公顷。只要从事种植业的收益有超过经营林业可能获得的最小收益的情况存在，那么从理论上来讲介于最大和最小损益值之间的收益就都应成为确定性等价。故有必要将表 3-4 中的部分收益作为农户可选择的确定性等价。表 3-4 中

表 3-4　黑龙江垦区友谊农场水稻、玉米、大豆及林地间作纯收益

单位：元/公顷

选项	确定性等价（x_0）（元）	完成方式	作物种类
K	7 600～10 000	自己完成	水稻
L	4 000～4 500	全雇人完成	水稻
M	4 000	全部机械化	玉米
x_*	2 700	自己完成	间作林草或林药
N	2 500	全部机械化	黄豆
O	2 000	全部机械化	黄豆

说明：

（1）表中所有数据均按 1 公顷计算。

（2）由于黄豆收益 2 000～2 500 元/公顷小于 x^*，所以未列入选项。

（3）黑龙江垦区旱田已经实现 100%机械化。

（4）每公顷农作物的可能纯收益（确定性等价）均通过管理人员问卷直接获得，且为近 3 年经验数据。

（5）在一些研究中指出：家庭自己劳动力的价格依据经营水稻有薪水的工作者挣得的报酬来确定，并将其作为常规的机会成本（Picazo - Tadeo 和 Wall，2011）。但是在这里需要说明的是表 3-4 中的所有纯收入都是包含劳动力价格在内的收入，而没有将劳动力价格看成是机会成本。

的全部数据均由农业和林业管理人员提供，并与部分农户讨论且得到农户的认可后列入表中。因农场承包经营林业的经营者中有部分农户是同时从事种植业或畜牧业等的农户、农场职工和商贩等（见2.1.2的界定）。虽然有部分农户可以对自己种植的粮食等作物给出收益值，但是又过于单一和片面，所以通过对农场农业管理者问卷获得了关于经营水稻、玉米和大豆在近三年获得的收益更能反映种植业收入的一般情况。

依据设计的问题，将表3-2、表3-3和表3-4中的A～M个可能收益设置成确定性等价选项对生态林和经济林经营者进行测试，测试问卷见附录2（林业经营者问卷）。被调研的林业经营者为农场2002年和2003年3开始承包经营林业的农户，且对被测试者在问卷上所填写或选择的承包林地的时间、林种、树种和面积等信息依照附录3和附录4[①]进行了核对。

3.3.4　结果与讨论

依据设置的确定性等价值，计算了L-A效用函数中的系列参数值b(计算公式见表3-5的表下说明)、LAR系数、ARA系数，并根据对问卷的统计对选项进行了合并获得了由确定性等价和经林种构成的4×2交叉列联表。

根据表3-5对样本的统计结果，将生态林经营者和经济林经营者按风险偏好类型归类，如表3-6所示。

将表3-5中的选项合并后，确定性等价等级ABCDEFG、H、I和JKLM与经营林种构成4×2交叉列联表，卡方统计结果表明0格理论数小于5，最小理论数为5.01，且$\chi^2=8.867$，

① 附录3和附录4是农场2002年和2003年开始承包造林的全部经营者信息。由于问卷是通过分场林业站召集当时在分场的林业经营者（部分承包者在外地走亲戚或打工等）填写，在没有填写问卷之前对问卷填写者的基本信息并不了解。但是附录3和附录4的资料在发放问卷之前已经从农场林业科获得，即凡是填写问卷的被调研者均在附录3和附录4的统计中。

表 3-5　L-A 系数、ARA 系数、样本数与卡方检验

选项	确定性等价	L-A 效用函数		ARA 系数	样本数		合并选项	样本数		合计
	(x_0)（元）	参数 $b(b)$	LAR(x) 值	$r(x)$ 值	生态林	经济林		合计	经济林	
A	53 150	—	—	—	0	0				
	51 050	16.303 0	0.884 4	−0.000 284 7						
B	48 950	7.974 4	0.777 1	−0.000 135 0						
C	46 850	5.196 4	0.677 2	−0.000 084 7	0	0				
	46 500	4.903 8	0.661 2	−0.000 079 3						
D	44 750	3.805 9	0.583 8	−0.000 059 1	0	0	ABCDEFG	5	13	18
	44 400	3.638 9	0.568 9	−0.000 056 0	0	0				
E	42 650	2.970 4	0.496 3	−0.000 043 4	0	1				
	42 300	2.862 4	0.482 2	−0.000 041 4						
F	40 200	2.336 6	0.400 6	−0.000 031 2	1	1				
G	38 100	1.956 5	0.323 5	−0.000 023 4		11				
	−0.000 017 3	36 000	1.668 5	0.250 5						
H	18 508	0.597 3	−0.252 1	0.000 019 0	12	9	H	12	9	21
I	17 536	0.566 3	−0.276 9	0.000 021 4	11	7	I	11	7	18
	17 483	0.564 7	−0.278 2	0.000 021 6						

（续）

选项	确定性等价	L－A效用函数		ARA系数	样本数		合并选项	样本数		合计
	(x_0)（元）	参数 $b(b)$	LAR(x) 值	$r(x)$ 值	生态林	经济林		合计	经济林	
J	16 511	0.535 0	−0.302 9	0.000 024 2	8	2	JKLM	9	2	11
K	10 000	0.358 6	−0.472 1	0.000 050 5	1	0				
	7 600	0.297 3	−0.541 7	0.000 068 2						
L	4 500	0.208 0	−0.655 7	0.000 110 0	0	0	JKLM	9	2	11
	4 000	0.189 5	−0.681 4	0.000 121 0						
M	4 000	0.189 5	−0.681 4	0.000 121 0	0	0				
x_*	27 00	—	—	—	—	—	—	—	—	—
样本数合计					37	31		37	31	68

说明：

（1）x^* =531 50 元为最大损益值，x_* =2 700 元为最小损益值。

（2）依据L－A效用函数 $u=a(x+c)^b$ 计算的L－A冒险系数的公式为：$LAR(x)=1-2/(b+1)$，其中参数 b 由公式 $b=\ln 2/[\ln(x^*-x_*)-\ln(x_0-x_*)]$ 计算获得；x_0 为表中第二列的确定性等价值。

（3）依据L－A效用函数 $u=a(x+c)^b$ 计算的绝对风险规避系数ARA的公式为：$r(x)=-u''(x)/u'(x)=-(b-1)/(x+c)$，其中令 $x=x_0$，$c=-x_*=-2\,700$。

（4）以LAR系数为判断依据可知选择E、F、G选项的被调研者为风险偏好型（系数值为正数），选择其他选项的被测试者为风险规避型（系数为负值）。

（5）有效问卷份数说明：被调研的生态林经营者为37户、经济林经营者为31户，故有效问卷共68份。需要说明的是在调研时一部分问卷是到农户家中由农户填写完后直接收回的，一部分是由分场林业站组织农户到调研现场，在现场填好后收回的，在收回时已经逐一检查，对于填写项目不全的问卷又指导农户进行了补充填写，所以本研究没有统计发放问卷的总数量以及无效问卷的数量，所获得的问卷均为合格的问卷。

表 3-6　生态林和经济林经营者按风险偏好类型统计结果

风险偏好类型	生态林		经济林		合计	
	频数	比例	频数	比例	频数	比例
风险追求	5	14	13	42	18	26
风险规避	32	86	18	58	50	74
合计	37	100	31	100	68	100

注：虽然风险偏好的基本类型中还包括风险中立型，但是在计算 LAR 系数和 ARA 系数时均未有系数值为 0 的情况（表 3-5），所以表中未列出风险中立型。

$p=0.031<0.05$，$df=3$。对表 3-5 和表 3-6 的统计结果讨论如下：

第一，由表 3-5“样本数”所在列的统计结果可知调研者根据给出的问题选择的确定性等价均超过了经营种植业可获得的最大纯收益值。选择的结果表明：如果被调研者被授权可经营林业，那么依据经济林和生态林经营者已有经验，他们对经营林业的未来预期收益都高于经营种植业的收益，这也就说明被调研者即使自己不想经营林业也不会以经营种植业可获得的收益转让其可能拥有的土地经营权。

第二，生态林与经济林经营者的混合样本表现出了风险规避的特点，即在全部调研对象中有 74%（表 3-5）的林地经营者为风险规避型。这一结果与多数学者的研究具有较大的一致性。例如，Zuhair 等（1992）的研究结果表明 30 个农户的 90 个绝对风险规避系数 $r(x)$ 值中有 72 个是风险规避的；Torkamani 和 Haji-Rahimi(2001) 的研究结果表明在 20 个农户的 80 个绝对风险规避系数 $r(x)$ 值中有 68 个是风险规避的；Binici(2003) 的研究结果表明在 50 个农户的 200 个绝对风险系数 $r(x)$ 中有 182 个系数是风险规避的；Lien 等（2007）则直接假设森林所有者的风险偏好类型为风险规避来分析森林的再种植计划。

第三，由于对全部风险偏好等级 A～M 进行检验时，出现了较多的理论次数小于 5 的交叉格，统计上对于这种现象的处理方法是将临近组合并。故本研究将代表风险追求型的 A、B、C、D、E、F、G 这 7 个等级以及代表风险规避型的 J、K、L、M 这 4 个等级分别合并（表 3－6）。合并的主要依据是合并后的等级没有改变风险偏好的类型，且在合并等级中，样本数为零的等级占 50%以上。合并后的 4×2 交叉列联表非参数卡方检验结果表明生态林经营者和经济林经营者的风险偏好差异显著。经济林经营者与生态林经营者相比，前者为风险追求型的比例为 42%，后者仅为 14%，这就说明前者在主观上更愿意接受与较高风险对应的高收益。

第四，由于在 L－A 冒险系数选择依据中就已经阐明 L－A 冒险系数 RLA 与 ARA 系数 $r(x)$ 的定义决定了两种系数符号是相反的。为此，将两种系数的计算结果进行了对比（表 3－5）。当 ARA 系数 $r(x)$ 值为负数时（A、B、C、D、E、F、G 选项代表的风险追求型），与其对应的 L－A 冒险系数 RLA 值则为正数；当 ARA 系数 $r(x)$ 值为正数时（H、I、J、K、L、M 选项代表的风险规避型），与其对应的 L－A 冒险系数 RLA 值则为负数。可见系数符号的不同并不影响对风险偏好类型的判断。

第五，农户选择的高机会成本。依据对可能确定性等价的分析可知农户认为承包经营经济林的预期纯收益是最大的，其次是承包经营生态林的预期纯收益，承包经营种植业的纯收益是三种选择中收益最小的。因此，这里所说机会成本包括两方面的含义：一是指当农户做出承包经营生态林选择时，所放弃的经营种植业的最大可能收入；二是指农户做出承包经济林的选择时所放弃的经营生态林的最大可能收入。

第六，对于经营种植业和林业来说农户更倾向于经营林业。表 3－5 的统计结果表明在 68 位被调研者中有 56 位在 E、F、G、H、I、J 中进行了选择，仅有 1 位被调研者选择了 K 选项（经营种植业可能获得的最高收益)。这主要是因为国家政策和当地林业管理部门为林业的发展提供了很好的政策条件和管理环境等，不但使经营林业的预期收入高于种植业，而且使经营林业在农户心中的风险程度降低[①]。可见被调研的农户无论是生态林经营者，还是经济林经营者都是偏好于经营林业的。对生态林经营者和经济林经营者问卷统计后发现，对于经营人工林风险偏好相关问题“1. 您认为承包经营林地和承包经营种植业相比，你更愿意：A. 承包经营林地 B. 承包经营种植业”的选择具有高度的一致性，即全部都选择了 B. 承包经营林地[②]，这表明被调研的生态林和经济林经营者不但对已经承包的林地持有乐观的态度，而且在土地用途可选择的条件下，对于继续承包经营林业仍有强烈的意愿，即使想转让土地的经营权，也给出了高于经营种植业收益的转让价格，否则就会自己经营林业。

3.4 本章小结

依据对农业管理者的调研获得了种植主要农作物的可能收入，并依据对生态林经营者、经济林经营者和林业管理者调研所获得的数据分别计算了经营生态林和经济林的可能收入，将上述三类收入排序后分别设为确定性等价选项；依据经营者对测试问题的选择结果，计算了生态林和经济林经营者 L－A 效用函数参数；然后分别依据 L－A 冒险系数 LAR 与绝对风险规避系数 ARA 的公式计算了两种系数值，并进行了进行了对比，两者变

---

① 见第六章中对此原因进行的详细分析。

② 因有少部分被调研者与其他农户发生过冲突，担心有砍树等报复行为，所以在对问题选择时这些农户直接表明其不愿承包经营经济林，但是愿意承包生态林(农户还从自身获利角度将生态林解释成为用材林，这是由于大多数农户对经营生态林的理解是在未来获得立木的分成收益，而农户本身对生态林的作用并不关心)。此问题的设计见“附录 2　林业经营者问卷”。

化趋势一致，且与代表的风险偏好类型一致；最后，对风险规避系数和林种构成的 4×2 交叉列联表进行了 χ^2 检验，结果表明生态林和经济林经营者风险规避度差异显著。

与以往研究不同的是：研究中选择了我国学者提出的 L－A 效用函数；给出了最大和最小收益值的计算依据，并计算了最大和最小收益值；没有通过多次提问让农户给出可能的确定性等价，而是通过农户的一性选择获得被调研农户的确定性等价；且将部分确定性等价设置为区间变量。

第四章　影响生态林经营者低风险规避度原因分析

由第三章的分析可知生态林经营者为风险规避型（ARA系数为正值）的占被调研生态林经营者的86%（表3-6），但是生态林经营者规避风险的程度却较低，主要表现在生态林经营者选择的确定性均等价大于或等于经营种植业可能获得的最高收入K级确定性等价（见表3-5的统计结果），没有农户选择L和M级别的确定性等价，故在风险规避的前提下表现出较低的风险规避程度。

以第三章的统计结果为基础，分析被调研者对于既定问题选择表现出风险规避（厌恶）的原因以及在风险规避的前提之下风险规避程度又较低的原因。

黑龙江垦区于1999年开始进行退耕还林试点，在2002年和2003年开始承包经营林业的经营者对承包林业可能获得的收益前景是无法根据历史经验进行预测的。所以在收益未知，又没有依据可参考的情况下，可以简单地推测出，在当时大多数农户都不愿意承包林业的情况下[①]，对于承包经营较大面积林地的农户除具有一定的闲散资金或不用依靠林业来维持生活外，他们也具有愿意承担风险的态度。这样看来，当时所选择的造林面积应能够体现出经营者所具有的不同风险偏好。

但是，从2002年和2003年开始承包到2012年3月，由于

① 对林业管理者调研过程中了解到刚刚开始实施退耕还林试点时农场农户并不愿意承包经营林业，因为承包者对经营林业的前景难以预测。

惠林政策的调整、生态林经营者拥有林木的升值、经济林持有者林果的高收益、种植业土地使用费价格的上涨以及种植业土地经营权的变化等已经使林业经营者的风险规避度降低，即从当初不愿意经营林地到当前愿意积极参与林业经营形成了鲜明的对比[①]。正如孙家乐（1989）所阐述：同一决策者在不同的时间和空间对同一问题进行心理测试所得到的效用曲线不尽相同。

在第三章中所得出的生态林和经济林经营者风险规避的结论是经营者对目前持有的生态林林木价值或经济林果品收益有了一定的估价后，即是在经营了不同的林种后对确定性等价做出的选择。因此，第三章测算的风险偏好类型和风险规避度是不能用来分析当年的经营决策的。为此，本章分析影响生态林经营者风险规避度的原因，是在林地经营者对林地转让问题选择结果统计分析的基础上（3.3.4）对经营者现在的风险规避类型及风险规避度进行原因分析，以探求现在的风险规避度对未来经营决策的影响。

黑龙江垦区农场退耕还林工作取得了成功，农户、职工和个体经营者承包经营林业的意愿强烈。从经营者风险视角对这一现象进行了调研，在 37 位被测试的生态林经营者中有 13.51％为风险追求型、86.49％为风险规避型，且风险规避型经营者对确定性等价的选择趋向于风险追求型，这说明生态林经营者具有较低的风险规避度。从林业政策、预期收入和经营方式三方面分析生态林经营者风险规避度低的原因。

黑龙江垦区于 1999 年开始退耕还林试点，当时在收益未知，又没有历史收益可参考的情况下，绝大多数农户不愿意承包经营

---

① 虽然有学者提出了林业政策不稳定所产生的政策性风险削弱了对人工用材林投资的吸引力（陈钦，2006），但是被调研农场具有稳定的林业政策，无论是生态林还是经济林都是农户愿意积极承包的林种。在调研中也获知，与承包经济林和生态林相比，承包苗圃的经营者不愿意承包种植云杉等观赏树种，主要是生长速度慢，且用途又比较单一，故农户对其在未来较长时间的需求量和单株价格缺乏乐观预期。除这一点外，农场农户总体表现出的是对承包经营林业的积极态度。

生态林[①]，农场为了鼓励承包经营生态林进行了大力宣传。在2002年和2003年时，农户对承包经营生态林有了一定的认识，部分有一定的闲散资金或者不用依靠经营生态林来维持日常生活的农户和农场职工等开始承包经营生态林，但承包者对经营生态林的未来收入仍无乐观预期。现在[②]，无论是农场的种植业经营者、林业经营者、农场职工或个体经营者对承包经营生态林和经济林的意愿都十分强烈，与当初不愿意经营林业形成了鲜明的对比。那么究竟是什么原因使人们的经营意愿发生了如此巨大的转变？本书以黑龙江垦区友谊农场2002年和2003年开始经营生态林的农户为研究对象，仅从生态林经营者风险规避度低这一视角对该现象进行分析。

4.1 风险规避度及生态林经营者低风险规避度的描述

4.1.1 风险规避度含义

Lien等（2007）指出森林所有者的风险规避度影响理想的森林再种植年限和投资决策[③]。Koundouri等（2009）指出政策变化对农户风险规避度存在影响[④]。由于在目前检索到的国内外

① 对农场林业管理者调研过程中了解到在实施退耕还林试点时，农场的农户并不愿意承包经营林业，在农场林业管理人员的大力宣传下才有部分农户和农场职工承包经营林业。

② 截止到调研时的时间：2012年3月。实际上近年来承包林业的意愿仍然强烈，且在垦区的农场未见复垦现象。

③ Lien（2007）在其文章摘要中明确地写出了“degree of risk aversion”的文字（笔者认为可翻译为风险规避度或风险规避程度），原文为“The forest owner's degree of risk aversion affects both the optimal tree replacement strategy and the reinvestment decision”。

④ Koundouri等（2009）在其文章中也明确地写出了“degree of risk aversion”的文字，原文为“We find evidence of heterogeneous risk preferences among farmers, as well as notable changes over time in farmers' degree of risk aversion”。

文献中并没有获得关于“风险规避度”这一词语的明确解释，所以这两篇文章中出现的“degree of risk aversion”是本研究题目中“风险规避度”用词的依据，其衡量指标是绝对风险规避系数。绝对风险规避系数在研究中得到了普遍使用（Pratt，1964；Raskin and Cochran，1986；Saha，1997；西爱琴，2006；Kumbhakar and Tsionas，2010；Andrés J. Picazo - Tadeo and Alan Wall，2011）。依据绝对风险规避系数的计算公式($r(x)=-u''(x)/u'(x)$)可知风险规避型决策者的绝对风险规避系数值越小，对风险的规避程度越低，冒险意愿就越强烈；对于风险追求型决策者来说，由于其绝对风险规避系数为负，故其绝对值越大，冒险意愿越强烈。

4.1.2　生态林经营者风险规避及其风险规避度低的含义

根据生态林经营者对测试问题[①]回答结果进行了风险偏好类型的判定和风险规避程度的判断。

由测试题目可知：M～H 选项为风险规避型（ARA 系数为正值[②]）确定性等价级别，G～A 选项为风险追求型（ARA 系数为负值）确定性等价级别（王宁，2012），确定性等价值由选项 M 至选项 A 逐渐增加[③]，选择的确定性等价值越高，规避风险的

---

① 测试问题为：假设有 1 公顷土地可分给你承包造林 30 年（林种和树种可随意选择），并假设经营林地有一半的可能性获得最高的年均纯收入为 53150 元，有一半的可能性获得最低的年均纯收入 2700 元，问：有人出到多少钱（确定性收入，单位：元），你才能把土地转让他人经营？请从下列选项中选择 1 项，并将代表收益的字母填入括号中（　　）。

A. 51 050～53 150　B. 48 950　C. 46 500～46 850　D. 44 400～44 750　E. 42 300～42 650　F. 40 200　G. 36 000～38 100　H. 18 580　I. 17 483～17 536　J. 16 511　K. 7 600～10 000　L. 4 000～4 500　M. 2 700～4 000

② 计算 ARA 系数的效用函数形式以及生态林经营者风险偏好类型的划分等详见文献（王宁，2012）。

③ 虽然设置的全部选项为 A～M，共 13 个，但是生态林经营者未选择 A～E 选项与 L～M 选项，选项统计结果见图 4 - 1。

程度就越低。在被测试的37位生态林经营者中选择G和F选项的共有5位，选择H、I、J选项的共有31位，选择K选项的有1位，即风险规避型的经营者占被测者总数的86.49%。生态林经营者对既定测试题目表现出风险规避的主要原因如下：在调研中获知，在垦区农场造林第一年主要是干旱、虫灾、冻害和牛羊啃食幼树树干等可引起树木死亡而给承包者造成损失[①]，即在幼树期非直接经济风险发生率高[②]。由于测试时给出的是没有林木的1公顷土地，如果自己经营，就必须从幼龄林开始，也就有可能发生上述风险，所以为规避非直接经济风险就愿意转让林地的经营权而表现为风险规避。

依据生态林经营者选择的选项分布特点又可看出生态林经者具有较低的风险规避度。由图4-1可知，选择H、I、J三个选项的生态林经营者不但数量多（占被测试生态林经营者的83.78%），而且人数分布明显趋向于风险追求型[③]，这说明在确定性事件（可获得确定性收益x_0）与风险事件（有一半可能获得最大收益x^*与有一半可能获得最小收益x_*）之间生态林经营者更趋向于接受较高的确定性等价而将其可能获得的林地经营权转让。可见被测试者虽然为规避经营幼龄林的风险而愿意转让其可获得的林地经营权，但是愿意接受的转让价格却较高，即大于

① 在农场发生过超低温冻死幼树而引起绝产的情况，小黑杨14因抗冻性好现在已经成为该农场人工造林的主要树种。

② Löunnstedt和Svensson（2000）将价格和成本风险称为直接经济风险因素，将风、腐蚀和虫灾称为非直接经济风险，并指出将这些风险因素所能产生的经济影响进行定量化是困难的，因为风险因素的发生方式和变化的范围都是不规则的。

③ 理论上应该趋向于风险中立型，但是测试题目中没有给出风险中立型决策者的确定性等价。原因如下：此问题中风险中立型决策者的确定性等价为：$x_0=E([x_*, p, x^*])$，即$x_0=0.5x_*+0.5x^*=27\,925$（元/年）（王宁，2012）。由于依据调研信息计算的可能的确定性等价值没有27 925元/年，且经营经济林、生态林和种植业的收益值也没有与此收益值接近的收益值，故在确定性等价选项中就没有设计此项。所以从图形来看，选项统计结果就直接趋向于风险追求型。

（选项 H、I、J）或等于（选项 K）经营种植业的最大收入，从而表现出了较低的风险规避度。同时，生态林经营者的低风险规避度还表现在没有农户选择代表风险规避程度较高的 L 和 M 级别的确定性等价。

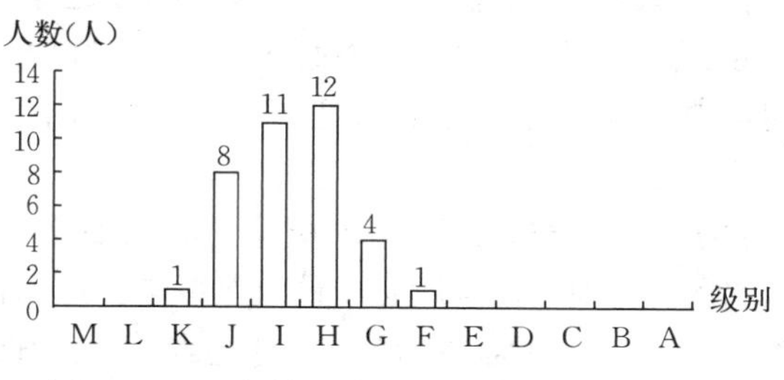

图 4-1　生态林经营者确定性等价选择分布

王宁（2013）利用 Fisher 确切检验法对经营生态林的规模影响经营者风险规避度进行了实证分析，指出经营不同规模生态林经营者的风险规避度差异显著。可见经营生态林的规模不同是使经营者风险规避度存在差异的原因之一，但其研究结论并不能对被测试的生态林经营者总体上表现出的低风险规避度作出解释。为此，本研究根据实际调研信息，从林业政策、预期收入和经营方式三方面对生态林经营者风险规避度低的原因进行分析。

4.2　生态林经营者风险规避度低的原因

4.2.1　林业政策的影响

Enters 等（2003）指出政治制度和宏观经济的稳定性是影响人工林投资有效水平的因素之一，虽然从全部的投资环境中分离出具体的因素是困难的，但是当觉察到风险将要降低，并且政府支持私人部门发展人工林的信号明确时，对人工林增加投资就是显而易见的。陈钦与刘伟平（2006）在研究福建省人工用材林的政策风险时指出林业政策不稳定所产生的政策性风险削弱了对人工用材林投资的吸引力。这说明林业政策对林业经营者的风险态度会产生影响。为此，本部分从种植业与林业政策存在的差异性分析生态林经营者风险规避度低的原因。

在对林业管理者、农业管理者和农户等进行访谈时，他们都肯定了林业惠农政策对承包经营林业所起到的促进作用，即生态林经营者预期经营林业会获得远超过经营种植业纯收入的主要原因之一就是惠林政策给予了生态林经营者太多的优惠，主要表现在以下两方面（王宁，2013）。

4.2.1.1 林业土地可长期拥有与种植业土地需每年确权的差异

在垦区农场，土地归国家所有，种植业承包者每年种地时都要上交土地使用费[①]，不缴费者视为放弃其土地经营权，其经营的土地也就会转给其他经营者承包，即种植业土地使用权更换频繁。然而，生态林经营者在林木皆伐前则可一直拥有林地的使用权，而且在皆伐前不用上缴任何土地使用费。正如 Enters 等（2003）指出的土地使用权稳定是政策中的一个关键因素，许多国家都有鼓励人工林发展的合适政策，但是很少有政策能直接变成行动。黑龙江垦区对国家惠林政策的执行则使林业经营者拥有了稳定的土地使用权，降低了经营者的风险规避度，提高了其经营林业的积极性。

4.2.1.2 林地补贴与种植业土地使用费的差异

在垦区，只要是经营退耕地还林的承包者，无论是经营生态林，还是经营经济林，都可获得造林的苗木补贴和国家两个周期的退耕还林补贴[②]。而种植业经营者为取得当年土地的经营权则需要支付较高的土地使用费，费用标准因种植的农作物种类和土

---

① 黑龙江垦区在土地使用年限和土地使用费用方面与农村土地承包政策区别较大。在农村，农户承包土地后至少 30 年不变，不但不收地租，而且还能获得种地的补助。

② 国务院关于完善退耕还林政策的通知（国发［2007］25 号）。经营非退耕地还林的生态林经营者仅能获得造林所需的苗木补贴，不能获得两个周期的生活补贴，承包退耕地还林的经营者既可获得第一年的苗木补贴，又可获得两个周期的生活补贴。

地类型而不同。黑龙江垦区友谊农场主要粮食作物水稻、玉米、小麦年均土地使用费情况如表 4－1 所示。由表 4－1 可知承包经营种植业的农户既要支付较高土地使用费，又要自己承担种地的基本投入，这与承包经营林地既不需要支付土地使用费，又可获得苗木补贴和两个周期的生活补贴形成了鲜明对比。

表 4－1　黑龙江垦区友谊农场水稻、玉米、小麦年均土地使用费

单位：元/公顷

作物名称	水稻			玉米		大豆	
	熟地		生地	农场	连队	农场	连队
	井水	非井水					
年均土地使用费	5 600～5 800	6 300～6 400	6 200～6 300	4 400	7 200～7 300	4 400	6 300～6 700

资料来源：黑龙江垦区友谊农场管理人员问卷，数据为 2010—2012 年情况。

所以与经营种植业相比，林地的免费使用和经营林地所获得的补贴使经营生态林的确定性收入增加，也就降低了生态林业经营者的风险规避度。在已有研究中，对于林地补贴可以提高人工林所有者投资收益也有比较一致的看法。Whiteman（2003）指出实际上在一定时期内，对于世界上大多数人工林的私人所有者都已经实施了一种或一种以上的补贴制度，在多数情况下都使用补助金、廉价贷款、优惠的税收和低成本或免费的原材料条款、公共物品条款等措施来降低人工林企业的成本，因此植树投资的回报率得到了提高。

可见，从土地使用权、土地使用费和补贴方面来看，惠林政策为林业经营者提供了更多的优惠，从客观上降低了经营林业的风险，故种植业经营者、林业经营者以及农场职工等普遍认为经营林业是低风险的行业，所以在进行转让测试时就选择了较高的确定性等价，也就表现出了较低的风险规避度。

国家给予的生态林经营者在政策上的优惠，主要是从生态环境角度做出的考虑。因生态林的主要功能是对农田保护、维持土壤层的厚度、防止土壤沙化等，对农作物产量的提高起到了较大的作用。在调研时林业管理者对生态林所起到的作用给予了充分的肯定。但是对于经营生态林的农户来说，虽然承包经营的是生态林，但是在调研时，生态林经营者却将其承包的生态林称为“用材林”，可见生态林经营者更关心经营生态林在未来可能获得的立木收益，其承包经营生态林的真正动机也是获取林木收益，为此有必要从年收益角度进一步分析。

4.2.2 预期收入的影响

由于2002年和2003年开始经营生态林的承包者除获得了国家的补贴外，还未获得销售林木的收入，所以只能使用其预期收入与经营种植业的收入进行对比。但是经济林经营者则已经获得了销售果品的收入，所以经济林经营者的收入是已经实现的收入。主要从以下两方面进行分析。

一是通过分析经营种植业年均纯收入[①]与经营生态林预期年均收入的差异来说明生态林经营者因选择了较高的确定性等价而具有低风险规避度的原因。

这里需要说明的是经营种植业的年均纯收入是农业管理者根据近年农场主要粮食作物纯收益情况提供的历史数据，并且得到了被测试者的认可。在支付了较高的土地使用费和各种投入后，黑龙江垦区友谊农场水稻、玉米、小麦年均纯收益如表4-2所示。

---

① 实际上，由于较高的土地使用费和种地成本，种植业经营者获得的收益主要是依靠经营大面积的土地。农场地块面积大，综合机械化率已经达到98%以上，较大的耕地面积和先进的农业机械可为种植业经营者获得收入提供保障。

表 4-2　黑龙江垦区友谊农场水稻、玉米、小麦年均纯收入

单位：元/公顷

	作物名称	水稻	玉米	大豆
完成方式	全雇人完成	4 000～4 500	4 000	2 000～2 500
	自己完成	7 600～10 000		

资料来源：黑龙江垦区友谊农场管理人员问卷，数据为 2010—2012 年情况。

由表 4-2 可以看出在三种主要农作物中，承包经营水稻的收入是最高的，这在当地已经达成了共识，但是与承包经营林业相比，经营林业的预期收入要远高于经营水稻的收入。在不考虑退耕还林补贴的情况下，按 30 年皆伐期计算当地生态林造林树种人工杨树的最小年均预期纯收入为 16 511 元/(公顷·年)（王宁，2012)；如果将两期的退耕还林政策补贴也包括在内，不考虑时间价值，仍按 30 年计算年预期平均纯收入，那么上述人工杨树的最小收入就可达 17 536 元/(公顷·年)[①]，而种植业的收入范围仅为 2 000～10 000 元/公顷。无论是按那种情况进行计算，农户经营生态林的预期收入都超过了表 4-2 中经营主要农作物的收益，所以，在预期生态林可获得较高收入的前提下，即使是风险规避的生态林经营者，也选择了较高的确定性等价，即具有较低的风险规避度。

二是通过分析经营经济林已经实现的收入对生态林经营者确定性等价选择的影响。由于农场 2002 年和 2003 年开始经营经济林的承包者已经获得了补贴和果品收益，经济林经营者年均纯收入范围可达 36 000～53 150 元/公顷（王宁，2012)，是从事林业经营中收入最高的经营者，且是已经实现的收入，这一收入水平也就成为了生态林经营者选择确定性等价时的重要参考依据之

① 因为从 2002 年和 2003 年开始承包经营生态林的经营者到目前还不能获得立木材积的收益，故经营生态林的预期纯收益是根据生态林经营者提供的信息估算得到，具体估算过程和数值见文献（王宁，2012)。

一。生态林经营者虽然经营的是生态林，但是在了解经营经济林可获得较高收入实际情况前条件下，对于可获得的林地，在林种可自由选择的情况下，认为自己也是可以经营经济林的，所以不但参照了自己经营生态林可能获得的收益，而且还参照了经营经济林可能获得的收益，也促使被测者选择了较高的确定性等价，从而表现出较低的风险规避度。

4.2.3 多元经营方式的影响

在调研中获知农场的林业管理部门在2002年和2003年宣传承包经营林业的主要对象是有一定的闲散资金或正在从事其他行业，且不依靠从经营林业中获得收入去维持日常生活、改善生活或支付子女教育费用而只是期望在未来能获得较大收益的群体。实际上，生态林与经济林生长和结实的特点都决定了在经营林业之外可兼营种植业、畜牧业或外出打工等有酬工作。从经营生态林方面来说，只是在幼树成长的前三年需要付出较多的劳动，在之后的成长过程中只需要付出较少的劳动和投入。经营经济林比经营生态林每年付出的劳动要多，主要是表现在每年果树开花时都要喷洒三遍农药，此后直到果实接近成熟之前都不再需要人工管理，原因是没有人会偷不成熟的果实。可见，经营林业并不影响林业经营者从事林业外的兼营工作而获得兼营收入。这样就可以进一步解释被调研者倾向于以高于经营种植业，且低于经营林业的预期收入将土地经营权转让的原因：土地转让出去后，农户有时间去打工或从事其他经营工作，既可获得转让的确定性收入，又可以其他方式获得经营土地外的收入。正如Löunnstedt和Svensson（2000）所指出的：一个依靠森林收入谋生的所有者可能会把风险问题看得非常重要，在短期内对于避免市场价格上升与下降的问题却存在着困难，而一个不依靠森林收入谋生的所有者在市场行情不好的时期可以选择等待，而当形势好的时候进行出售。可见，不依靠经营生态林收入谋生的经营者也不会把

经营生态林的风险问题看得非常重要，故选择了较高的确定性等价，也就是说被测试者愿意接受的是较高的转让价格。如果有人接受这一较高的转让价格，就将可得到的林地使用权转让；如果没有人接受这一较高的转让价格就自己经营，表现出了较低的风险规避度。

4.2.4　经营林地规模的影响

在对黑龙江垦区友谊农场生态林经营者调研过程中获知，部分经营者为减少未来可能出现的政策、林木价格以及自然灾害等风险可能带来的损失等原因，正在联系转让其经营的部分林地，并且发现欲转让者多数都是经营一个地块以上的农户。为此基于林地转让视角，分析生态林经营者现经营生态林规模对其风险规避度的影响。由于是对已经拥有生态林的农户测试再拥有 1 公顷林地的确定性等价，所以才可以将现经营林地的规模作为影响农户风险规避度的因素进行考虑。

学者在分析影响农户风险规避度的原因时已经涉及了经营规模这一因素。Blennow 和 Sallnäs（2002）在研究瑞典南部非工业私有林者的风险感知时依据“是否依靠林木资产生活”“林木资产有多少公顷”及“落叶松占资产比例”将调研对象进行了分组，并指出拥有林木资产规模大的所有者倾向于要减少动物啃食、松象虫、霜冻和根腐病风险。然而由于研究对象不同，学者在研究经营规模对农户风险规避度影响时所得结论并不一致。Koesling 等（2004）认为农场的租赁面积（Leasing farm land）是土耳其农户从事有机经济作物和传统经济作物种植的风险源之一，并依据独立样本 T 检验的结果指出农场的租赁面积在两种种植方式之间差异显著。而 Ceyhan 和 Demiryurek（2009）在对比土耳其萨姆松省的有机和非有机榛树生产者的风险态度时指出农场规模和榛树种植面积 T 检验结果的差异不显著。

学者的研究为分析生态林经营者现经营林地规模与风险规避

度的关系提供了参考依据。2011 年 12 月从农场林业科获得了上述数据资料，2012 年 1—3 月对上述研究对象进行了问卷调研，依据 37 位生态林经营者对给出问题（附录 2）的回答以及表 4-3 中生态林经营者的数量和承包经营面积之间的分布关系提出了研究假说。

4.2.4.1 研究对象、数据来源与研究假说

（1）研究对象与数据来源

研究对象总体是友谊农场 2002—2003 年开始承包种植生态林的经营者，选择这部分经营者为研究对象的主要原因如下：

一是因为这些承包者已经能够根据自己的经验对林木价值有所估计，且从这一时期开始林木抵抗自然灾害的能力已经很强，发生自然风险较小，林木价值也具有了一定的用材价值。

二是因为这些经营者承包的生态林分别是在 2007 年和 2011 年验收合格的林地，而该农场仍在验收处于不同种植年份的林地。由于未验收的或验收不合格的林地是不能获得国家退耕还林补贴的，而本研究中对于风险态度测试问题中的可能确定性等价都是按照验收合格的标准来进行设计的。

三是虽然退耕还林于 1999 年开始，但是人们所缺乏对经营林业的认识，到 2002 年和 2003 年时，林业主管部门的大力宣传才起到了积极的促进作用，这两年是农场农户承包经营林业最多的年份。

四是可获得上述年份的包括经营者姓名、单位和承包面积等信息的官方数据和文字资料，这些信息为调研提供了可能，此两年间农场生态林经营者承包户数及面积如表 4-3 所示。

由表 4-3 可知，2002—2003 年该农场共有生态林经营者 218 户，经营规模在 4～637 亩，总经营面积为 12 545 亩。其中经营规模为 0～30 亩的生态林经营者为 130 户，占生态林经营者总户数的 59.63%，即经营面积小于 2 公顷的经营者所占比例较大；经营规模在 31 亩以上的为 88 户，经营总面积为 10 447 亩，

占全部经营面积的83.28%，即少数经营者经营着较大规模的生态林地。为此对两种经营规模的经营者进行风险规避度的分析可以为避免农户之间争夺林地经营权而引发矛盾的策略及促进生态林可持续经营政策的制定提供一些参考。

表4-3　友谊农场2002—2003年生态林经营者户数及承包经营面积

分类标准（亩）	2002年		2003年	
	农户数量（户）	承包面积合计（亩）	农户数量（户）	承包面积合计（亩）
0～30	14	311	116	1787
31～60	4	191	19	776
61～90	8	577	17	1187
91～120	2	195	6	647
121～150	1	144	7	934
151～180	1	169	4	645
181～210	0	0	7	1 322
211～240	1	240	1	228
241以上	4	1 067	6	2 125
合计	35	2 894	183	9 651

注：①“承包面积（亩）”均为验收保存合格面积；退耕还林政策划分的流域为黄河流域。②2002年原始统计表中生态林总规模为3 000亩，由39户承包，扣除4个公司（18＋12＋35＋41＝106亩）后为35户，承包总面积为2 894亩；2003年原始统计表中生态林总规模为9 700亩，由186户承包，扣除1个集体（13亩）和2个国有（21＋15＝36亩）后为183户，承包总面积为9 651亩。

资料来源：①2002年数据来源于黑龙江省红兴隆管局林业处编：2007年各农场退耕还林复查汇总表（2000—2006年度退耕地还林地块落实情况表—友谊农场2002年度），2007年11月；②2003年统计资料来源于黑龙江省红兴隆管理局林业处编：2011年度退耕还林工程退耕地还林检查验收统计表—小班调查表—友谊农场2003年度，2011年5月。

（2）研究假说的提出

参与调研的样本共37户，将风险规避系数或确定性等价按经营生态林的面积分类后发现经营面积较小的农户趋向于选择了较高的确定性等价，即表现出愿意承受风险的趋势，具有较低的风险规避度；而经营生态林面积较大的农户则趋向于选择了较低的确定性等价，即表现出不愿承受风险的趋势，具有较高的风险规避度。这主要体现在经营较多林地的农户愿意以较低的确定性等价让渡其经营权。而对于拥有较小规模林地的农户来说，则无转让意愿（在调研中虽然未见农户急需用钱的情况，但是不排除有部分农户可能因急需用钱而转让林地的）。为此提出研究假说：生态林经营者经营林地规模是影响其风险规避度的因素之一。合并后的 F\G、H、I 和 J\K 这 4 个等级与两种经营规所构成的 4×2列联表如表 4-4 所示，拟所采用 Fisher 确切检验进行假说的检验。

4.2.4.2 研究方法与结果分析

（1）研究方法选择依据

Bedeian 和 Armenakis（1977）指出 Fisher 确切检验是利用离散数据检测互相独立群体是否存在显著差异的一种非参数统计技术，关于 Fisher 确切检验的适用条件和优点，学者也进行了比较充分的研究。Bower（2003）以两行均等规模（每行总样本均为 9 个，且 4 格中有 2 格本数少于 5）的 2×2 列联表为例，利用 18 个样本，将 χ^2 检验和 Fisher 确切检验的结果进行了对比，强调当观察值较少时，使用 Fisher 确切检验更合适，并指出使用统计软件包获得检验结果是相当方便的。Carr（1980）延伸了 Fisher 两样本均等规模检验，并以工业上机器生产次品与合格品构成的均等规模行列的 2×3 列联表（参与检验的 3 组规模均为 100 个样本，次品数分别为 0、1、3 个）为例说明了 2×3 列联表的计算过程，同时指出在工业管理中，需要对比的一些总体样本可以是来自生产过程、原材料或是经营者的一些单元，在进行多样本对比时，由于每一个样本出现的预期数量少于 5 个，故 Fisher 确切检验在工业和其他领域就有很多的应用。当然，也有

表 4-4　风险规避系数与不同规模生态林经营者数量

选项	L-A 冒险系数的 LAR 值	ARA 系数的 $r(x)$ 值	样本合计	经营规模（亩）											
				0～30	31～60	61～90	91～120	121～150	151～180	181～210	211～240	241 以上	合并后	0～30	31 以上
F	0.400 6	−0.000 031 2	1	1	0	0	0	0	0	0	0	0	F\G	4	1
G	0.323 5 0.250 5	−0.000 023 4 −0.000 017 3	4	3	0	1	0	0	0	0	0	0			
H	−0.252 1	0.000 019 0	12	8	1	2	0	0	0	1	0	0	H	8	4
I	−0.276 9 −0.278 2	0.000 021 4 0.000 021 6	11	2	2	2	1	3	0	1	0	0	I	2	9
J	−0.302 9	0.000 024 2	8	1	0	3	2	2	0	0	0	0	J\K	2	7
K	−0.472 1 −0.541 7	0.000 050 5 0.000 068 2	1	1	0	0	0	0	0	0	0	0			
L	−0.655 7 −0.681 4	0.000 110 0 0.000 121 0	0	0	0	0	0	0	0	0	0	0	0	0	0
M	−0.681 4	0.000 121 0	0	0							0		0	0	0
样本合计			37	16	3	8	3	5	0	2	0	0	—	16	21

说明：

（1）表中选项级别及确定性等价确定过程、获得确定性等价值问题的设计、绝对风险规避系数和 L-A 冒险系数的计算公式及计算过程等详见 3.3；另外，L 和 M 选项中的系数值−0.681 4（或 0.000 121）不是重复列项，M 选项中的系数是由单一确定等价值计算的系数值，而 L 选项是一定范围内确定性等价值计算的系数值的变化区间，两个选项分别隶属于不同的风险事件，只是 L 选项的下限刚好与 M 选项的确定性等价值相等。

（2）在调研时根据可能的确定性等价给出了 A～M 共 13 个等级的确定性等价值，由于生态林经营者没有选择 A～E 和 L、M 这 7 个等级的确定性等价，故列出了由 F 到 K 这 6 个等级选项的经营者数量。L 和 M 这两个级别虽然也没有农户选择，但是因“结果与分析”部分需要，所以被列在了表格中。

（3）表中的 L-A 冒险系数 LAR 值和 ARA 系数 $r(x)$ 值均依据 L-A 效用函数和对应级别的确定性等价计算获得。因 ARA 系数被普遍使用，所以在这里列出其系数值便于与同类研究进行比较；同时因为 ARA 系数 $r(x)$ 也是依据 L-A 效用函数获得，所以就将与 L-A 效用函数联系密切的 L-A 冒险系数也一并列在了表中供参考。

（4）由于 L-A 冒险系数的 LAR 值和 ARA 系数 $r(x)$ 的值的计算方法不同，所以两者的数值表现不同，但是并不影响风险偏好类型的判断以及对风险规避度的变化趋势的分析。ARA 系数的负值代表风险偏好，正值代表风险规避，而 L-A 冒险系数则正好相反。

学者利用 Fisher 确切检验对小样本非均等规模行列的案例进行了分析。Agresti 和 Wackerly（1977）在调查学监的态度是否会影响学生对分级方法的选择时是以 20 个学生为样本，使用 7×2 交叉列联表对依据一次考试进行分级和依据学期完整测试进行分级的差异性进行了检验，参与对比的两列样本和分别为 8 个和 12 个，这就说明 Fisher 确切检验可以用于小样本非均等规模行列的检验。Mehta 和 Patel（1983）指出对于 $r \times c$ 列联表行列独立显著性假说的确切检验，原则上可通过一般化 Fisher 的 2×2 列联表实施，其列举的 4×5 和 4×6 列联表总样本数分别为 29 个和 36 个，且被检验的行列均为非均等规模。

由于 Fisher 确切检验手动计算过程烦琐，为此学者对该检验方法的计算机程序编制进行了较多的研究。Mielke 等（1992）提供了计算 2×2、3×2、4×2、3×3、5×2 和 6×2 列联表 Fisher 确切检验的子程序，并指出 $r \times c$ 列联表在教育学和心理学研究中被普遍应用。现随着统计软件不断地升级，Fisher 确切检验可利用多种统计软件来完成，并且都可直接获得 $r \times c$ 列联表中 χ^2 值和 p 值，使用起来已经十分方便。

(2) 结果分析

本研究的总样本数为 37 户，被检验的两种经营规模的生态林经营者分别为 16 户和 21 户，属于对非均等规模两列进行的差异性检验，并且在所构建的 4×2 列联表中存在样本数小于 5 的单元格。根据上述对研究方法的分析可知满足 Fisher 确切检验的条件。故利用 SPSS17.0 软件，对合并后的风险规避系数等级与两种经营规模生态林经营者数量构成的 4×2 列联表（表 4-4）进行了差异的显著性检验。Fisher 确切检验的卡方值为 $\chi^2 = 9.370$，自由度为 $df=3$，$P=0.021<0.05$，结果表明经营规模为 1～30 亩和 31 亩以上的生态林经营者风险规避度存在差异。现统计结果分析如下：

一是分析两种经营规模风险规避系数变化趋势存在差异的原因。由表4-4可知，经营较大面积的生态林经营者与经营较小面积的经营者相比，表现出不愿承受风险的趋势。现从效用角度进行分析。根据边际效用递减规律，在其他条件不变的情况下，经营生态林面积较大的经营者多获得1公顷林地所增加的效用与拥有较少林地农户多获得1公顷林地所增加的效用相比就要小，所以经营地块多且面积大的生态林经营者不但对新增加1公顷林地面积所获得的满足程度比经营面积小且地块少的经营者要小，而且为规避经营较大面积可能带来的市场风险、政策风险和自然风险还欲转让部分林地，因此就愿意以较低的确定性等价转让可能获得的1公顷林地，因此，从林地转让视角来看，较低的确定性等价就使农户的风险规避系数 $r(x)$ 值表现出不愿承受风险的趋势。

二是需要补充说明经营一块以上地块的生态林经营者欲转让部分林地并不意味着其不愿意再经营生态林，而愿意从事其他行业。因为根据表4-4可知，被调研的生态林经营者并没有选择L项（雇人种植水稻可能的收益）和M项（全部采用机械化种植玉米可能的收益）的确定性等价值，这就说明，与经营这些种类的种植业相比，已经承包经营生态林的经营者愿意接受林地转让的前提是对方给出的确定性收入（确定性等价值）要高于L项和M项，否则就不会转让其可能获得林地经营权而是自己进行林地的经营。

4.2.4.3　结果与讨论

由Fisher确切检验获得的上述结果可得出生态林经营者经营林地规模影响其风险规避度的结论，且从风险偏好选择的等级分布看，经营规模小的经营者倾向于选择了较高的确定性等价，表现出风险规避度要低于经营规模较大的经营者。在研究中仍然存在以下不足：

一是在影响风险规避系数因素的选择上仅对经营规模进

行了实证分析。受所获数据限制，仅对生态林经营者经营林地规模对其风险规避度的影响进行了实证分析，而学者在分析影响农户风险偏好或风险规避度的因素时还涉及农户个人特征变量、农场变量、社会经济变量、政策变化等。Tauer（1986）在研究纽约奶农的风险偏好时，依据年龄、受教育年限、人力资本、股票持有量和收入构成线性模型的 R^2 值，指出企图将农户的个人特征放置在风险偏好中的决定是不成功的，并指出没有被考虑到的其他社会经济特性在决定农户风险偏好时也许是重要的。西爱琴（2006）指出影响农户风险偏好的主要因素是年龄和性别，而文化程度、家庭规模、家庭经济状况及家庭成员就业情况对农户风险偏好也有重要影响。关于社会经济变量方面，Whiteman（2003）指出森林管理具有长期性，对于潜在的森林投资者来说，投资风险是投资经营林业的一个主要的障碍。在政策影响风险偏好方面，Koundouri 等（2009）基于芬兰农场级别的数据，对芬兰加入欧盟后农户的风险态度进行了研究，指出在变化的政策环境中农户的风险态度存在差异，并且农户的风险规避程度随时间变化而变化显著。以后在调研数据理想的情况下，笔者准备对学者提出的影响因素与本研究结合进行分析。

二是被调研对象的生态林经营规模与有关研究中选择的林地规模有很大的差异。Löunnstedt 和 Svensson（2000）在研究瑞典非工业私有林主风险偏好时认为持有 25 公顷的森林资产规模是重要的，这能够使所有者更加认真地考虑其经济决策，少于 25 公顷的所有者被排除在外。Lien 等（2007）在研究挪威森林所有者风险规避和理想的森林再种植年限时也是假设森林所有者拥有 25 公顷林地来进行说明的。Andersson 和 Gong（2010）在研究非工业私有林（Nonindustrial Private Forest，NIPF）所有者的风险偏好、风险感知和木材收获决策时，调研对象均是拥有 25 公顷以上的私有林主，并强调少于 25 公顷的林地面积对于其

拥有者来说不可能有经济上的重要意义。

可见对拥有森林面积较大国家经营者风险偏好的研究，学者更倾向于选择25公顷以上的经营规模。然而本研究中经营生态林规模大于25公顷的仅在2003年有2户，其总经营面积为1 016亩，而小于2公顷的经营者占较大比例。实际上，与上述挪威和瑞典等拥有较大森林面积国家的森林所有者相比不同的是，本研究中的生态林经营者都从事林业以外的其他行业，其经营的林业对其日常生活来说确实没有重要的经济意义，这是因为经营林木在短期内是无法获得收益的，仅依靠林地补贴又是无法维持日常生活开支的，所以被调研的经营者还从事种植业、商业等，并且部分经营者为农场职工等，其经营生态林的根本目的是为了在将来能获得收益。

三是在调研时仅获得了37户的样本数据，且按规模分成两组后，规模在0～30亩的一组仅为16户，占研究对象总数的12.31%（0～30亩的总户为130户），这一较低的调研比率可能存在样本对总体代表性不强的问题。同时，也正是因为样本数据较少，所以采用了能满足检验小样本差异条件的Fisher确切检验来进行假说的验证，这可为难以获得较大样本的一些研究提供检验方法的参考或借鉴。

四是没有从森林生态角度对生态林经营者进行具体的分析。主要原因是生态林经营者对其承包经营的生态林能够对农田所起到的诸如放风固沙和保持水土等作用都是知晓的，在这种情况下这些承包者实际上只关心按照国家规定的标准经营好其承包经营的生态林能为自己未来带来多大的经济效益。

4.3　本章小结

在第三章测度了生态林和经济林经营者风险规避度的前提下，分析了生态林经营者风险规避的原因，并从农业政策、预期收入和经营规模角度分析了生态林经营者风险规避度低的原因。其中利用 Fisher 确切检验法实证分析了现经营生态林规模影响生态林经营者的风险规避度，且经营规模较小的经营者具有较低的风险规避度，得出经营林地规模影响生态林经营者风险规避度的结论。

第五章 生态林经营者风险规避度对意愿转让林木时间影响分析

在 2011 年 12 月至 2012 年 3 月对黑龙江垦区红兴隆管理局友谊农场调研时了解到部分在 2002 年前、2002 年及 2003 年开始承包经营生态林的经营者正在联系转让其经营的生态林[①]。计划转让生态林经营权的经营者或者是拥有两个以上地块，或者是总面积较大的承包者。而暂时没有转让计划的生态林经营者有两种，一种是承包生态林地较晚的经营者（如 2004 年后承包生态林的经营者），另一种是拥有较小林地面积或较少地块的承包者。按照生态林地经营者的预期，木材价格会呈现出不断上涨的趋势，且经营 8 年以上的林地抵抗自然灾害的能力也已经很强，而且随着时间推移，在一定年限内，林木的材积量又会不断上升，那么为什么不等到林木材积量最大时进行皆伐而获得预期的最大收益，而是要在此之前就欲转让呢？有学者从多方面进行了研究。

Armstrong 等（1992）依据边际成本等于边际收益的原理，利用每公顷耽搁收获的机会成本（opportunity cost of delay in the harvest）模型 $D_a = rH(T) + rF(T^*) - H'(T)$ 分析了存在木材收获最大量限制的条件下，木材的理想计划收获期。Roberto（2004）强调利用标准的成本收益分析法，如净现值法等，计算

① 由于经营经济林已经获得了较高的收益（见 3.3.3.1），所以在调研时凡是经营经济林的承包者均未有转让计划。

种植人工林是有利的，但是也指出这些方法没有考虑到风险和市场条件的不确定性，并指出投资的机会成本对未来人工林价值的不确定性是高度敏感的。可见，在分析经营者的决策时既要考虑资金的时间价值，又要考虑经营者的风险偏好对其决策的影响。Saha（1993）指出大量研究表明在风险条件下预期效用的最大化是进行最佳选择的根本前提。Lien 等（2007）就利用常数相对风险规避系数和幂效用函数①对挪威云杉树在 60～110 年最理想的再种植年限，并依据效用准则进行了分析。

Lien 等（2007）使用效用函数 $U=\left(\frac{1}{1-r_r\ (W_T)}\right)W_T^{[1-r(W_T)]}$ 分析了挪威云杉理想的收获年限。式中各变量的含义如下：$W_T=W_0+W$，W_0 为初始财富，即与林木无关的财富；$r_r(W_T)$ 为相对风险规避系数；W 是由木材价格函数 $\widetilde{X}_t^p=113.02+2.709t+e_t^p$②和材积量函数 $\widetilde{X}_t^V=0.7053t+0.0787t^2-0.000\ 528t^3+e_t^V$（Harvey，1976）所确定的持有林木的随机净现值 NPV。但是本研究并没有使用该函数形式，因为在第三章中已经分析了 L-A 效用函数更适合于分析生态林经营者的风险偏好。

由上述学者的研究可知在风险条件下可利用预期效用值对经营者的经营决策选择进行分析要优于按照收益最大化分析生态林经营者的收获决策。生态林经营者承包的生态林在不同的林龄具有不同的立木材积，同时经营退耕地还生态林的经营者在不同年份也会有不同的补贴收益，这就意味着生态林经营者在不同的年份就会有不同的预期收益（林木收益）和实际收益（补贴收益）。

---

① 由于 Lien 等（2007）是直接利用 Arrow（1965）、Anderson 和 Dillon（1992）计算的相对风险偏好值的计算结果，所以在效用函数的设计上将相对风险规避系数 $r_r(W_T)$ 设计了在效用函数 $u=\left[\frac{1}{1-r_r(W_T)}\right]^{[1-r_1(W_T)]}$ 中，从而保证了效用函数方程的相对风险规避系数为常数。

② 原文中作者直接使用已有文献在 2001 年拟合的挪威东部云杉的相对价格函数表达式方程，没有给出文献的详细信息。

采用L-A效用函数计算生态林经营者的效用值所涉及的变量只有两个，即损益值和与风险规避度相关的效用函数参数值。也就是说，一方面，由于经营不同林龄的生态林会有不同的预期收益，从而会使同一经营者在不同的年份具有不同的效用值；另一方面，由于不同的生态林经营者具有不同的风险规避系数，即使是对相同林龄的立木来说其效用值也会不同。所以依据效用值分析生态林经营者意愿转让生态林的年限或皆伐生态林的年限就会不同，即经营者对林木采取的经营决策就会不同。本章就是依据生态林预期收益的效用值，而不依据林木可能获得的最大收益来进行林地意愿转让时间的分析，即利用第三章中测试出的L-A效用函数完成效用值的计算，并通过效用值的排序来分析意愿转让林木的年限。

5.1　研究前提

5.1.1　分析生态林经营者现在的风险规避度对未来决策的影响

因为无法测算生态林林业经营者当年承包经营林业时的风险规避度，所以也就无法分析林业经营者当年的风险规避度对其当年是否愿意经营林业、经营何种林种、种植什么树种以及经营多大面积等决策会产生的影响。因此，本章要研究的是2002年和2003年开始承包生态林经营者现在的风险规避度对其未来经营决策会产生的影响。需要说明的是第三章测试的对象虽然是2002年与2003年承包生态林的经营者，但是对生态林经营者测试的时间是2012年3月，因此，测试结果反映的是生态林经营者现在的风险态度。

5.1.2　林木转让时无政策制度限制

因为在调研中了解到，当地林业管理部门为林地经营权的转让提供了方便的条件和可简化的手续。友谊农场林业主管部门允许经营生态林和经济林的承包者转让其林地经营权和林木所有权，转让双方协议好价格后，通知农场林业管理部门，并经公证部门公证就可完成转让。黑龙江垦区的其他管理局与农场也存在类似的情况。

5.1.3 利用实测的风险规避系数计算效用值

虽然生态林经营者愿意以什么样的售价转让其现在经营的林木与第三章中测试的转让未种植林木的林地都是对林地转让问题的研究，但是两者是不同条件下的风险事件。不同之处在于前者是对具有 8 年以上林龄林木转让问题的分析，而后者是对即将获得的林地经营权，也就是还没有造林的林地的转让问题进行分析。这就会出现一个问题：面对不同的风险事件，被调研者就会有不同的风险规避度，那么利用第三章测试的风险规避度计算已经拥有生态林林木的经营者的效用是否合理呢？回答的结果是肯定的，原因如下：

第一，本章与第三章使用的效用函数、研究对象及研究对象所在地域均相同，即都是利用 L－A 效用函数对黑龙江垦区红兴隆管理局友谊农场生态林经营者现在转让林地的意愿进行分析。这就可以避免 Raskin 和 Corchran（1986）指出的因研究地域、效用函数以及导出风险系数程序等的不同会使风险系数处在一个广泛范围中的情况。第二，第三章测试的风险规避系数范围与已有研究相符。第三章中已经测出的绝对风险规避系数范围为－0.000 031 2～0.000 068 2，该范围与学者已经测算出的系数范围相符。Torkamani 和 Haji－Rahimi（2001）在研究西阿塞拜疆（West Azarbaijan）地区农户的风险偏好时利用四种效用函数测试出的 80 个绝对风险规避系数范围是［－0.029 310，0.007 712］；Binici（2003）使用四种效用函数测试出的 200 个绝对风险规避系数的范围是［－0.018 5，0.560 2］；西爱琴

(2006) 对湖北和陕西农户测试出的绝对风险规避系数范围是[−0.781 1, 2.050 9]; Raskin 和 Corchran (1986) 指出一些研究中所获得的绝对风险规避系数范围是从−0.00001 至∞。可见第三章测算出的风险规避系数范围可包含在上述任何一个风险规避系数范围之中。

Lien 等 (2007) 使用效用函数

$$U=\frac{1}{1-r_r(W_r)}W_r^{[1-r(W_T)]}$$

分析挪威云杉理想收获年限时，没有对相对风险规避系数 $r_r(W_T)$ 值进行测算，而是选择了 0.5～4 这个相对风险规避系数的一般范围。本研究没有使用该系数范围进行效用值计算的原因是方程中的系数 $r_r(W_T)$ 是常数相对风险规避系数，而常数相对风险规避系数的计算需要经营者的初始财富数据，而生态林经营者初始财富的准确资料是无法获得的。而且 Lien 等 (2007) 在利用常数相对风险规避系数分析时，也没有获得被研究者的初始财富，而是直接将初始财富值假设为 $W_0=1\ 000\ 000$ 挪威克朗 (Norwegian kroner, NOK) 进行的有关计算。

需要补充说明的是第三章测试出的 L－A 冒险系数的范围是[−0.541 7, 0.400 6]，这一范围不在上述研究者的范围之中。这主要是因为 L－A 冒险系数的计算方法与绝对风险规避系数的计算方法不同，L－A 冒险系数正负号含义也与绝对风险规避系数正负号含义刚好相反，因此 L－A 冒险系数范围与绝对风险规避系数的范围不具有可比性。但是利用 L－A 效用函数计算出的绝对风险规避系数的所反映的风险偏好类型与规避风险的程度与利用绝对风险规避系数计算结果的一致性可推导出 L－A 冒险系数值的可用性。L－A 效用函数的绝对风险规避系数依据公式 $r(x)=-u''(x)/u'(x)=\frac{-(b-1)}{x+c}$(其中：$c=-x_*$，是最小收益值) 计算得出，可见绝对风险规避系数值主要取决于 b 的取值，而L-A冒险系数依据公式 $RLA=1-2/(b+1)$ 计算得出，可见L-A冒险系数值也取决于 b 的取值，且两个计算公式使用的又是相同的 b 值。可见绝对风险规避系数合理性也说明了L-A冒险系数的合理性。同时，L-A冒险系数对于同一经营者来说还是常数，在依据效用值分析经营不同规模生态林经营者的决策时，就选择了L-A冒险系数进行了效用值计算，也正是因为它是常数，才可依据计算的一定规模范围内的平均风险规避系数而推导出L-A效用函数中的 a 值，而完成了效用值的计算。

上述分析表明，本章可以依据第三章测算的2002年和2003年开始承包经营生态林经营者的风险规避系数分析其在未来的意愿转让决策。

5.2 效用函数年收益变量计算

由于要利用L-A效用函数 $U(x)=a(x+c)^b$ 计算生态林经营者的效用值，而参数 a、b、c 在第三章中已经确定，所以本章首先要计算效用函数中的年收益变量 x。年收益变量 x 是将立木材积收益和补贴收益汇总后，分别按简单算术平均和等额年金法分配到各年的收益中，共分三个步骤完成效用函数中年收益的计算。

在调研地用于人工生态林造林的树种有杨树、柞树、黑桦、椴树、樟子松、水曲柳、椴树、榆树、黄菠萝、色树以及胡桃楸等多种树种，部分树种所占生态林造林比例较小，而且在近年农田防护林的造林树种中又主要以是以杨树为主，所以未分析占生态林面积较小树种的经营者的经营决策行为。因此，本章仅对造林树种为杨树的生态林经营者进行年收益与效用值的计算。

5.2.1 分成立木材积收益的计算

生态林立木材积收益是经营生态林收益的主要构成部分，根

据调研地的实际情况，调整后的立木材积收益计算公式为：

$$经营期末立木材积收益=Vk\bar{P}$$

其中，V 为 1 公顷人工杨树立木材积（立方米）；k 为分成比例（%）；$\bar{P}$ 为价格（元/立方米）。

由于从第三章开始就使用 1 公顷林地和耕地的年均收益作为可选确定性等价，所以本章仍然以 1 公顷为标准进行计算；分成比例 k 见表 3-3 的表下说明。

可见，要计算立木材积收益，需要先获得立木材积量的数据。

5.2.1.1 立木材积的计算方法

在已有文献中使用 Richard 生长曲线建立了较多的关于立木胸径和材积量的曲线方程。孙圆（2006）使用 Richard 生长函数标准式 $y=A\ (1-e^{-kt})^B$ 对江苏省杨树胸径生长情况进行了模拟。赵贝贝（2010）根据 107 杨树的样地调查资料，也运用该模型模拟了三种立地条件下的树高、胸径、单株材积及蓄积的生长过程。岳建民（1983）对黑龙江省推广的小黑杨在牡丹江地区生长的胸径、树高和材积建立了关于时间 t 的一元二次方程。本部分的研究对象虽然也是小黑杨，且友谊农场与牡丹江的自然条件也很类似，但是由于初植密度、种植面积和土壤条件等方面的差异，将农场林业主管部门提供的调研数据与牡丹江地区小黑杨的胸径和树高对比后发现两地树木的生长情况存在较大的差异，所以没有使用该模型进行立木材积的计算。

虽然可以利用已获得的胸径和树高数据，根据 Richard 生长曲线拟合该农场人工杨树的胸径和树高随时间变化的函数，从而对未来各年的立木材积进行符合杨树生长规律的预测。但是由于本研究的调研对象是 2002 年和 2003 年开始经营生态林的承包者，而这部分承包者对其经营的林木生长情况已经十分了解，在调研时了解到这些经营者都是根据林木的实际生长情况预测立木的材积。因此，在没有适合模型的条件下，兼顾了生态林经营者的考虑，就直接利用胸径和树高的实际值对立木材积进行了估算。利用实际测试值进行估算还具有以下优点：

第一，根据实际资料计算立木材积与使用胸径、树高和林龄拟合树木生长曲线会有很大的不同。因为不同小班的自然条件毕竟有所差异，实际上即使是同一小班的林木也会因地势和光照等条件使其生长状况存在较大差别，而拟合的生长曲线自然要略去一些年限中不符合树木生长规律的数据。表 5-1 使用实验形数法，利用实测资料计算立木材积就可以将这些不符合生长规律的波动一同考虑在内，依据树高和径阶的变化对不同林龄的人工杨树分段计算了立木材积，这样计算的优点：一是可以对同一时间段内立木的径阶和树高进行平均而计算出段内平均立木材积，这与立木材积的较小变化对经营者效用值的影响较小具有一致性；二是分段后能够体现出不同时间段之间立木材积的变化，这与立木材积较大的变化对经营者效用值的影响较大具有一致性。

表 5-1　主要乔木树种平均实验形数表

树种组	平均实验形数	适用树种
针叶树	0.45	云南松、冷杉及一般强阴性针叶树种
	0.43	实生杉木、云杉及一般强阴性针叶树种
	0.42	杉木（不分起源）红松、黄山松、华山松及一般中性针叶树种
	0.41	天山云杉、插条杉木、柳杉、西伯利亚落叶松、兴安岭落叶松、樟子松、赤松、油松、黑松及一般阳性针叶树种
	0.39	马尾松及一般强阳性针叶树种
阔叶树	0.40	杨、桦、柳、水曲柳、柞、栎、青冈、刺槐、椴、榆、樟、桉及其他一般阔叶树种、云南、海南岛等地混交阔叶林

资料来源：黑龙江省大兴安岭地区森林调查规划大队．森林调查常用表［M］. 修订版．北京：中国林业出版社，1998：63-64.

第二，使用小班卡信息中的径阶和树高直接估算立木材积可以为该农场估算不同林龄立木材积提供方便。由于本研究利用1980—2008年造林林木生长的实测指标值直接计算不同林龄立木的材积量（因2009年后造林的人工杨树胸径不符合计算立木材积的要求而没有进行计算），所以只需根据杨树造林年度计算出林龄，通过表5-2就可直接查找不同林龄杨树的胸径、树高与立木材积量，使用起来十分方便。

对使用的估算方法介绍如下：

由实践经验可知，树干形状有饱满和尖削之分，当两株立木的高度和胸径相同时，其材积不一定相等，测树学中的形数就是用来反映树干形状饱满程度的指标。形数亦称胸高形数，是指树干材积与以胸高断面积为底面积、树高为高的圆柱体体积之比，用$f_{1.3}$来表示。

对于单株立木材积的计算方法，常用的有两种，即胸高形数法和实验形数法。胸高形数（$f_{1.3}$）法的计算公式为：

$$V=g_{1.3}hf_{1.3}$$

其中，V为立木材积量；$g_{1.3}$为胸高断面积；h为树高。实践证明，胸高形数随树高、胸径变化而不同，控制干形不够稳定，于是常采用实验形数法来近似计算单株立木的材积。

实验形数法（林昌庚，1974）是通过对大量资料的分析而提出的一种干形指标，其计算公式为：

$$V=g_{1.3}f_{实}(h+3)$$

其中，$f_{实}$为平均实验形数。$f_{实}=V/g_{1.3}(h+3)$，且$f_{实}$的变动比较稳定。主要乔木树种平均实验形数如表5-1所示。

由于本部分需要测算的是人工杨树的立木材积，所以选择了阔叶树的平均实验形数$f_{实}=0.4$代入$V=g_{1.3}f_{实}(h+3)$计算立木材积。

5.2.1.2　数据来源

计算立木材积收益既需要径阶和树高信息计算材积量，又需

表 5-2　友谊农场人工生态林（杨树）小班特征信息统计及分成立木材积收益的计算

年度	林龄（年）	小班数（个）	胸径（厘米）			胸高断面积 $g_{1.3}$（平方米）	树高 h（米）		单株立木材积（立方米）	1公顷立木材积（立方米）	分成后立木材积（立方米）	分成后立木材积收益（元）
			年平均径阶	阶段	分段加权平均径阶		年平均树高	分段平均树高				
1980	32	369	23.403 8				14.704 6					
1981	31	247	23.352 2				15.072 9					
1982	30	261	23.478 9	Ⅵ	23.362 5	0.042 85	15.088 1	14.967 1	0.307 9	1 307.376 5	915.163 6	457 581.78
1983	29	293	23.221 8				15.262 8					
1984	28	408	23.357 8				14.850 5					
合计		1 578	—	—	—	—	—	—	—	—	—	
1985	27	150	22.853 3				14.466 7					
1986	26	81	22.567 9				15.160 5					
1987	25	27	22.888 9	Ⅴ	22.600 6	0.040 10	14.481 5	14.776 4	0.285 1	1 210.508 4	847.355 9	423 677.95
1988	24	31	22.258 1				15.645 2					
1989	23	24	21.25				14.625					
合计		313	—	—	—	—	—	—	—	—	—	—

（续）

年度	林龄（年）	小班数（个）	胸径（厘米）			胸高断面积 $g_{1.3}$（平方米）	树高 h（米）		单株立木材积（立方米）	1公顷立木材积（立方米）	分成后立木材积（立方米）	分成后立木材积收益（元）
			年平均径阶	阶段	分段加权平均径阶		年平均树高	分段平均树高				
1990	22	28	19.214 3				14.785 7					
1991	21	7	17.714 3				13.285 7					
1992	20	11	18.181 8				13.909 1					
1993	19	14	22	Ⅳ	19.123 8	0.028 71	15.785 7	14.276 2	0.198 4	842.326 9	589.628 8	294 814.42
1994	18	21	19.142 9				14.333 3					
1995	17	18	18				12.888 9					
1996	16	3	19.333 3				14.666 7					
1997	15	3	18				13.666 7					
合计		105	—	—	—	—	—	—	—	—	—	—
1998	14	27	13.555 6				10.814 8					
1999	13	8	16.25	Ⅲ	14.509 8	0.016 53	13.375	11.392 2	0.095 1	403.956 0	282.769 2	141 384.61
2000	12	16	15.25				11.375					
合计		51	—	—	—	—	—	—	—	—	—	—
2001	11	14	10.714 3				9					
2002	10	26	9.538 5				10.423 1					
2003	9	141	10.425 5	Ⅱ	10.140 4	0.008 07	9.092 2	9.188 6	0.039 4	167.089 1	116.962 4	58 481.18
2004	8	47	9.446 8				8.851 1					

（续）

年度	林龄（年）	小班数（个）	胸径（厘米）			胸高断面积 $g_{1.3}$（平方米）	树高 h（米）		单株立木材积（立方米）	1 公顷立木材积（立方米）	分成后立木材积（立方米）	分成后立木材积收益（元）
			年平均径阶	阶段	分段加权平均径阶		年平均树高	分段平均树高				
合计		228	—	—	—	—	—	—	—	—	—	—
2005	7	18	7.666 7				7.611 1					
2006	6	40	6.05	Ⅰ	6.593 8	0.003 41	5.825	5.859 4	0.012 1	51.352 3	35.946 6	17 973.31
2007	5	17	6.705 9				4.882 4					
2008	4	53	6.603 8				5.603 8					
合计		128	—	—	—	—	—	—	—	—	—	—

资料来源：黑龙江农垦总局红兴隆分局友谊农场林业科提供的上报黑龙江省农垦总局的森林资源清查小班调研统计表，2012 年 8 月 31 日。

说明：

（1）上表对 2403 个小班信息进行了统计，原统计表共有 6000 个小班信息，扣除自然林、人工林中的次生林以及人工林中的人柳、人落、人云等小班信息，仅对人工生态林中杨树（简称人杨）的小班信息进行了统计分析；每个小班测量的标准地面积均为 500 平方米，即从林带中心分别测量 50 米和 25 米，即长为 100 米、宽为 50 米。

（2）其中“径阶”是每条林带所选立木胸径的中位数（均为双数）；“年平均径阶”为当年所有小班径阶的平均值；“分段加权平均径阶”是一定时间段内所有小班中被测量立木径阶的平均值。例如，1980 年的年平均径阶值 23.403 8 为该年造林的 369 个小班的径阶平均；1980—1984 年的分段径阶平均值 23.362 5 是 1980—1984 年造林的 1578 个小班的径阶平均值，而不是各年“径阶平均”的简单平均值。

（3）单株立木材积计算采用实验形数法，公式为：$V_{单}=g_{1.3}f_{实}(h+3)$；1 公顷材积计算公式：$V_{公顷}=15\times333\times0.85\times V_{单}$，按 85%的成活率计算；分成材积是按农户和农场林业主管部门合同签订的三七分成比例计算。

（4）经营期末 1 公顷立木材积总收益$=Vk\overline{P}$，其中：V 为 1 公顷立木材积（立方米）；k 为分成比例（70%）；$\overline{P}$ 为价格（500 元/立方米）。

要获得每立方米立木材积的价格。现对这两方面的数据来源说明如下：

（1）径阶与树高的数据来源

测算立木材积所需要的胸径和树高数据均来源于黑龙江垦区红兴隆管理局友谊农场林业科 2012 年 8 月 31 日调研结束后汇总的人工杨树小班卡信息统计表。由于估算立木材积量要求每木检尺的起测胸径为 5.0 厘米[①]，对 2009 年造林（林龄为 3 年）的小班卡所列径阶数据统计后发现其平均值小于 5.0 厘米（附录 7），故 2009 年后造林的生态林未进行立木材积的计算。

在表 5－2 中，将林龄在 4～32 年（截至 2012 年 8 月，1980—2008 年造林。）的人工杨树分成 6 个时间阶段计算立木材积。分段的依据是年平均径阶及树高的接近性。因为对于胸径和树高都近似的立木，在使用实验形数法估算立木材积就会基本相同，为此也就没有必要将所有造林年度的立木进行逐年材积的估算，为此有了表中各阶段的划分。1980—2008 年造林的人工杨树的 2403 个小班的径阶和树高原始数据分段结果如表 5－2 所示，原始数据见附件 6。由于小班数量多，故在附表 6 中仅列出了 1980 年 369 个小班中的 36 个小班数据供参考。

在表 5－2 中，胸径波动较大的年份是 1993 年和 1999 年。1993 年 14 个小班径阶的平均值高于 1989 年、1990 年、1991 年和 1992 年的人工杨树林小班径阶的平均值，并且 1993 年各小班树高的平均值还高于所有观察年限的树高。对这种现象分析如下：第一，排除人为误差。因为根据林班编号获知 1993 年的 14 个小班的调研任务分属 4 个林班（见附录 8 中的附表 8－1），即这些小班信息卡分别由 4 组工作人员填写，而每个工作小组又至少由 3 名以上人员组成，而这些工作人员同时出错的概率较低。第二，导致这种结果最可能的原因的就是被抽查到的小班数量少

① 《森林抚育补贴试点管理办法》（林造发［2010］20 号）。

(共 14 个) 或范围不够广泛，且被调研到的小班树木恰好生长较好，而生长情况不好的小班恰好没有被抽查到，从而使这一年的平均径阶与树高优于造林年度较早的小班。1999 年的情况也类似，具体数据见附录 8 中的附表 8－2。除个别特殊年限外，其他各造林年度的胸径和树高基本符合树木的生长规律。

(2) 关于立木材积价格的说明

分析中假设杨树立木材积的价格是常数 $\overline{P}$，没有采用已有研究中学者利用木材价格的历史数据拟合木材价格随时间 t 变化的函数方程，主要原因如下：从调研中获知，生态林经营者都认为杨木的价格虽然在短期内会有所波动，但是从长期来看基本呈上涨趋势。这在一些学者的研究中也可得到证实。部分学者利用时间序列拟合的木材价格关于时间 t 的方程也表现出价格随时间而上涨的趋势。Lien 等（2007）在研究云杉的再种植年限时，使用的云杉价格方程为 $\widetilde{X}_t^p = 113.02 + 2.709t + e_t^p$，其中，$Var(e_t^p)=(28.24+0.06769t)^2$，可看出价格仍然是时间 t 的增函数。陈钦与刘伟平（2006）利用福建省人工用材林的成本、利润、受灾面积等时间序列数据，对该省人工用材林的收益与风险进行了分析，指出该省人工用材林的内部收益率具有进一步提高的趋势；自然灾害实际造成的损失并不高；受国内和国际木材供需的影响人工用材林价格风险较小，甚至在将来可能会不存在。Yin 和 Newman（1999）在研究北佐治亚州（North Georgia）木材市场风险时指出，如果土地所有者要进入木材企业，那么为了确保在不确定的情况下有合理的利润流入，就需要一个高的市场价格；如果已经参与木材生产，那么低的市场价格不会成为其离开市场的必要条件，因为人们希望价格在不远的将来将会反弹到一个更高的水平。也就说，经营者认为木材价格的总体趋势是上涨的。

由于当地生态林的皆伐期一般为 30 年左右，即是一种长期分析，所以在研究中没有考虑立木价格变化风险对经营者决策的

影响。单位材积的价格仍然按 $\bar{P}=500$ 元/立方米的常数计算[①]，所以经营林地所获得的立木材积收益就与立木材积量具有相同的变化趋势。

5.2.1.3　计算结果

依据实验形数法 [$V=g_{1.3}f_{实}(h+3)$] 计算的 1 公顷立木材积如表 5－2 所示。

依据经营期末立木材积收益公式：

$$经营期末 1 公顷立木材积收益=Vk\bar{P}$$

计算经营者与农场分成后的立木材积收益。其中：V 为 1 公顷立木材积量（立方米）；k 为生态林经营者获得的分成比例（70%）；$\bar{P}$ 为价格（500 元/立方米），计算结果如表 5－2 所示。

5.2.2　补贴收益的计算

在全部经营期内，经营者除可获得立木材积收益外，还可获得国家三次补贴的收益。在调研中获知无论是经营退耕地还林的经营者，还是自费造林的经营者都可获得造林的苗木补贴，且苗木补贴均是在经营的第一年发放，但是非退耕地还林的经营者不能获得后两个周期的粮食补贴和生活补贴；第一周期的 8 年补贴并不是从经营林地开始就按年发放，而是要在农场的林业主管部门对林地验收合格后才能发放。由于黑龙江垦区的林地面积较大，验收开始的时间又是在承包经营林业 2～3 年后，所以林地经营者在得到第一周期的补贴时一般都已经接近于第一周期末。为此将第一周期（共 8 年）补贴全部计入第 8 年的补贴收益值；虽然第二周期的补贴全部计入第 16 年的收益值，但是这里不能排除部分年份补贴提前发放的情况，正是由于不能确定补贴发放的具体年份，所以就将第二周期的补贴记在第 16 年了。

---

① 由管理人员问卷获得，见 3.3 的分析。

在考虑资金时间价值的情况下，将该农场生态林经营者的补贴收益按如下公式计算：

经营期补贴终值＝第1年苗木补贴终值＋第8年粮食补贴与生活补贴终值＋第16年粮食补贴与生活补贴终值＝第一年苗木补贴$\times(1+i)^{n}$＋第8年粮食补贴与生活补贴$\times(1+i)^{n-8}$ $(n\geqslant8)$＋第16年粮食补贴与生活补贴$\times(1+i)^{n-16}$ $(n\geqslant16)$

其中："第一年苗木补贴终值"从经营生态林第一年的年初开始计算终值，因为在造林的第一年苗木补贴或者以现金的形式发放给承包者或者是由当地的林业主管部门林业科或林业站直接给承包者发放苗木；"第8年"和"第16年"的粮食补贴和生活补贴分别从第8年年末和第16年年末开始计算终值，因为粮食补贴和生活补贴的发放要以验收合格达到规定的成活保存率为前提条件。计算终值使用的基期初始值分别为第8年和第16年所发放的8年的补贴总值，计算过程见表5-3的表下说明；n为经营年数（林龄）；i为利率，且令$i=2\%$。Lien等（2007）在研究云杉的再种植年限时，使用的年利率为2%，并指出类似的折扣率在以往研究挪威森林管理中就被使用过（Eid等，2002），所以本研究也使用2%的利率计算等额年金收益。因利率数值是变化的，故利率数值的选取会直接影响到预期收入的计算而影响到效用值，但是并不影响经营不同林龄生态林收益的变化趋势，所以就直接使用了学者已经使用的利率进行收益时间价值的计算。按上述公式计算的经营退耕地还生态林的三次补贴如表5-3所示。

5.2.3 经营期末总收益

经营林业的间作收益及其时间价值也是经营期末总收益的构成部分，但是本章在计算经营期末总收益时是将经营期末总收益按不同的计算方法进行年度分配，没有将间作收益包含在内，而仅包括了立木材积收益和补贴额。主要原因如下：

表 5-3　经营期末总收益终值构成

造林年度	林龄（经营期）	阶段	1公顷立木分成材积终值收益（元）	第1年苗木补贴（元）	第8年补贴（元）	第16年补贴（元）	三次补贴终值合计（元）	经营期末总收益（元）	三次补贴终值所占比例（%）	分成立木材积收益所占比例（%）
2008	4	Ⅰ	17 973	812	0	0	812	18 785	4.32	95.68
2007	5			828	0	0	828	18 801	4.40	95.60
2006	6			845	0	0	845	18 818	4.49	95.51
2005	7			862	0	0	862	18 835	4.57	95.43
2004	8	Ⅱ	58 481	879	19 200	0	20 079	78 560	25.56	74.44
2003	9			896	19 584	0	20 480	78 962	25.94	74.06
2002	10			914	19 976	0	20 890	79 371	26.32	73.68
2001	11			933	20 375	0	21 308	79 789	26.71	73.29
2000	12	Ⅲ	141 385	951	20 783	0	21 734	163 118	13.32	86.68
1999	13			970	21 198	0	22 169	163 553	13.55	86.45
1998	14			990	21 622	0	22 612	163 997	13.79	86.21
1997	15			1 009	22 055	0	23 064	317 879	7.26	92.74
1996	16	Ⅳ	294 814	1 030	22 496	10 800	34 325	329 140	10.43	89.57
1995	17			1 050	22 946	11 016	35 012	329 826	10.62	89.38
1994	18			1 071	23 405	11 236	35 712	330 527	10.80	89.20
1993	19			1 093	23 873	11 461	36 426	331 241	11.00	89.00
1992	20			1 114	24 350	11 690	37 155	331 969	11.19	88.81
1991	21			1 137	24 837	11 924	37 898	332 712	11.39	88.61
1990	22			1 159	25 334	12 163	38 656	333 470	11.59	88.41

（续）

造林年度	林龄（经营期）	阶段	1公顷立木分成材积终值收益（元）	第1年苗木补贴（元）	第8年补贴（元）	第16年补贴（元）	三次补贴终值合计（元）	经营期末总收益（元）	三次补贴终值所占比例（%）	分成立木材积收益所占比例（%）
1989	23			1 183	25 841	12 406	39 429	463 107	8.51	91.49
1988	24			1 206	26 357	12 654	40 218	463 896	8.67	91.33
1987	25	Ⅴ	423 678	1 230	26 885	12 907	41 022	464 700	8.83	91.17
1986	26			1 255	27 422	13 165	41 843	465 520	8.99	91.01
1985	27			1 280	27 971	13 428	42 679	466 357	9.15	90.85
1984	28			1 306	28 530	13 697	43 533	501 115	8.69	91.31
1983	29			1 332	29 101	13 971	44 404	501 985	8.85	91.15
1982	30	Ⅳ	457 582	1 359	29 683	14 250	45 292	502 873	9.01	90.99
1981	31			1 386	30 276	14 535	46 198	503 779	9.17	90.83
1980	32			1 413	30 882	14 826	47 121	504 703	9.34	90.66

说明：

（1）经营退耕还林地仅在第一年有苗木补贴：s_1＝补苗木补贴标准×15亩/公顷＝50元/亩×15亩/公顷＝750元/公顷；苗木补贴经营期末终值＝$s_1 \cdot 1+i^n$，其中，n为经营年数（林龄）。例如，表5-3中2008年造林，造林林龄为4年的人工杨树苗木补贴在造林第4年的终值为：$s_4=750\times(1+2\%)^4=812$(元)

（2）按退耕还林第一周期（1～8年）的补贴标准计算的1公顷退耕还林地第8年的补贴额为：S_8＝(第一周期粮食补贴标准＋生活补贴标准)×15亩/公顷×8年＝(140＋20）元/亩年×15亩/公顷×8年＝19 200元/公顷；第一周期1公顷退耕还林补贴经营期末终值＝$s_8\ (1+i)^{n-8}$；其中：n为经营年数（林龄）。

（3）按退耕还林第二周期（9～16年）补贴标准计算的退耕还林地补贴额为：$S_{16}=(70+20)$元/亩年×15亩/公顷×8年＝10 800元/公顷；经营期末的终值＝$s_{16}\cdot\ (1+i)^{n-16}$，其中，$n$为经营年数（林龄）。

（4）苗木补贴标准、第一周期补贴标准及第二周期补贴标准见3.3.3确定性等价分析部分的脚注说明。

一是立木材积收益和补贴额均随经营时间（林龄）而变化，影响效用值的波动。虽然补贴额占经营期末总收益的比例较小，对是否经营退耕还林几乎没有影响，但是只要存在按周期发放的补贴额就会对年收益产生影响，也就会对经营者经营不同林龄生态林的效用产生影响。即立木材积收益和补贴收益的波动会直接影响效用值的波动，进而影响经营者意愿转让或截伐林木的时间。

二是间作收益及其时间价值只影响经营者效用值的大小，而不影响效用值的波动，因间作收益只能在造林的前三年获得，这是由造林树种和间作作物品种所决定的，无须计算在内。而第四章的分析已经表明经营年限较短的经营者是不会转让其经营林地的，更何况是经营三年的林地了。此时自然灾害毁林的概率已经降低，林木正处于生长较快速时期，林木迅速增值。并且，三年后，由于郁密度的增加已经不再适合间作，也就不存在间作收益，而转让和皆伐意愿都是在三年之后才可能存在，可见间作收益虽然对经营期末的总收益和经营期间的年收益都有影响，从而可以对农场职工和农户等经营林业的积极性有影响，但是对愿转让林木的时间和皆伐的时间并没有影响。

现将加总后的经营期末立木材积收益和经营期补贴终值收益称为经营期末总收益，计算公式如下：

经营期末总收益＝经营期末立木材积收益＋经营期补贴终值

按此公式计算经营期末总收益如表 5－3 所示，即经营期末的总收益是涉及时间价值的未来值。依据表 5－3 绘制图 5－1，对经营期末总收益的变化趋势及构成分析如下。

第一，第一阶段（4～7 林龄）的图形说明。在第一阶段仅有苗木补贴，即使计算了时间价值，补贴终值额也较小（812～862 元）。图 5－1 的纵坐标刻度值为 100 000 元，所以在 4～7 林龄阶段未显示出补贴额的变化，如果要将这一时间段内的补贴额显示在图 5－1 就需要将纵坐标的刻度调整到 1 000 元以下，所以就未显示此阶段的补贴变化，在此说明。

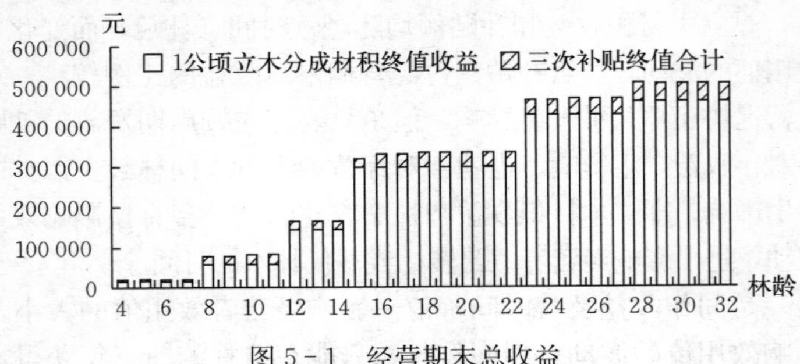

图 5-1　经营期末总收益

第二，从立木材积收益方面来看，由于立木材积的计算采取了分段的计算方法，所以在图 5-1 中，1 公顷立木材积的收益在既定的时间段内都是常数，且随着林龄的增加，在不同的时间段内立木材积的收益又呈现上升趋势，在假设价格不变的前提下，这一趋势与林木的生长趋势具有一致性。

第三，从补贴收益方面来看，随着林龄的增加，三次补贴逐渐到位，在考虑补贴时间价值的情况下，三次补贴的总和是在不断增加的。

第四，从经营期末总收益的两部分组成来看，立木材积收益是经营者预期收入的主要构成部分，即使是考虑了时间价值，三次补贴也仅占经营期末总收入的较少比例，如图 5-2 所示。分析如下：

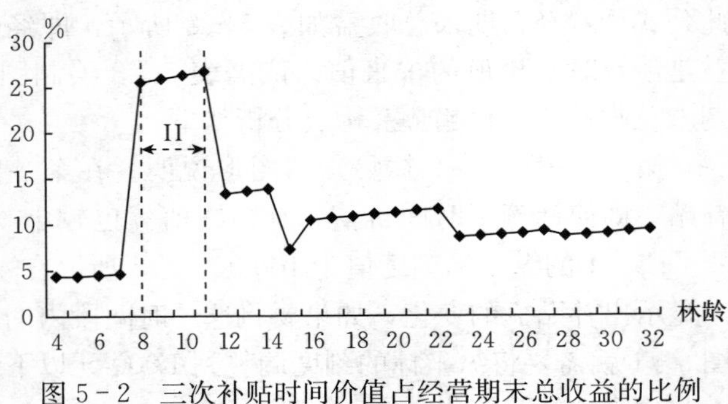

图 5-2　三次补贴时间价值占经营期末总收益的比例

由表 5－3 可以看出苗木补贴、第一周期补贴以及第二周期补贴不但发放的年限不同，而且数量也不同，而立木材积收益在各阶段也存在较大的变化，这样三次补贴与随林龄上涨的立木材积收益加总后在经营期末终值所占的比例也就不同。根据表 5－3 中“三次补贴终值所占比例（%）”绘制图 5－2。

在图 5－2 中体现了三次补贴占经营期末总收益比例的变化。在第二阶段（8～11 林龄），二次补贴额占经营期末总收益的比例是最高的（25.56%～26.32%），这主要是因为在第 8 年末发放第一经营周期的粮食补贴和生活补贴，而这一阶段的立木材积量又较小导致立木材积收益过少，从而使苗木补贴和第一周期的补贴额占经营期末总收益的比例大；在第三阶段（12～14 林龄），补贴收益所占比例迅速下降，这主要是因为立木材积量增加多（表 5－2），而第三周期的补贴尚未到位，二次补贴时间价值的增加额比不上立木材积收益的增加额导致补贴额的比例下降。三次补贴的所占比例基本呈现先上升后下降，然后又逐渐趋于平稳的趋势，在其他阶段的波动范围为 4.32%～9.34%。这可为农场的经营者经营生态林的强烈欲望做出部分解释，由此也可以推导出垦区的生态林经营者实际上并不关心补贴是否能按时发放以及是否发放，这一点与调研中了解到的情况具有一致性。在调研时，林业经营者在估算经营生态林的预期收益时指出，即使没有补贴，也愿意经营生态林，而且经营者总是将自己经营的生态林直接说成是用材林，可见经营者看重的是经营生态林的林木收益，对补贴收益并不关心，当然对林木所能产生的生态效益是持有认可态度的。

5.2.4　年收益

在本章的研究前提中已经指出要利用 L－A 效用函数，并依据经营生态林的年收益值计算生态林经营者的效用值，这就涉及将立木材积收益（由于在计算立木材积收益时已经涵盖了林龄的影响，故没有必要再计算其时间价值）和按时间价值计算的补贴收益加总后如何按年度进行分配的问题。考虑到林木的欲转让者与林木的购买者对林木预期收益估算的方法不同，现分别采用简单算术平均法和等额年金法对经营期末总收益按年度进行分配计算年收益，所以这里年收益就有两个名称，即按简单算术平均法计算的年收益成为年平均收益、按等额年金法计算的年收益成为等额年金收益。

(1) 简单算术平均法——年均收益

在调研中获知生态林经营者在给出林木转让价格时是以生态林木皆伐时可能获得的分成立木材积收益为依据，然后根据自己能够接受的折扣率打个折扣，来给出转让价格，并不是根据利率将未来的总收益进行折现或按年分配给出报价。不同的经营者在打折时的差别较大，随意性也比较强，即生态林经营对经营期末总收益在按年度进行分配时并没有考虑资金时间价值，属于利用简单算术平均进行年收益的估算，而且还不考虑补贴在未来年度可获得利息。现利用简单算术平均法计算的年平均收益仅将经营期末总收益（F）平均分配到经营期间的各年，使用的计算公式为：

$$y=F/n$$

式中，y 为年平均收益；F 为经营期末总收益；n 为经营年限（林龄）。

(2) 等额年金法——等额年金收益

欲购买林木的经营者的目的是为了从林业投资中获得投资收益，其要对林木投资收益做比较精确的计算，即买者会更多地考虑时间价值。Lien 等（2007）在研究云杉的再种植年限时使用的是净现值 NPV，其计算公式为：

$$N\widetilde{P}V_t=\frac{(\widetilde{X_i^P}X_t^Ve^{-it}-I_0)\mathrm{a}}{1-e^{-it}}=w$$

由于是按年收入计算效用值，所以本研究以该公式为基础，根据调研地的实际情况，对公式按年进行了调整，即使用等额年金收益进行了计算。

Löunnstedt 和 Svensson（2000）在研究非工业私有林时指出，当讨论经营森林的风险偏好时，时间因素是重要的，在不考虑其他森林投资类型的条件下，其将时间段划分为短期（1～5年）、中期（5～10 年）和长期（10 年以上）。所以，本研究在考虑时间因素的条件下，利用既定的利息率将经营期末总收益等额地分配到经营期内各年的计算公式如下：

$$A=\frac{Fi}{(1+i)^{n}-1}$$

式中，$\frac{i}{(1+i)^{n}-1}$为年金终值系数；A 为等额年金收益；利率 $i=2\%$。

该公式的推导过程如下：设 A——等额年金收益，其含义是在考虑资金时间价值的前提下，生态林经营者在经营林木期间获得补贴收益与立木材积收益在经营年度内每年的收益。

$$A(1+i)^{n-1}+A(1+i)^{n-2}+\cdots+A=F$$

利用上述两种方法计算的年收益结果如表 5-4 所示。

在表 5-4 中，虽然计算了经营期（林龄）为 4～7 年的年均收益和等额年金收益，实际上这一期间是没有经营者愿意转让林地经营权的，因为这一期间不但立木价值迅速上升，而且第 8 年末还会拿到第一周期的补贴（不排除在这一期间转让可能会提前扣除即将获得的补贴的情况），但是在调研地还未有这种现象出现。为此，在依据年收益计算效用值时，虽然可以依据这些年收入来计算效用值，但是并没有将这些效用值作为分析的依据（见 5.3 分析），这与前述分析的经营生态林较晚的经营者没有转让意林木的意愿具有一致性。

表 5-4　生态林经营者经营林地期间（林龄）年平均收益与等额年金收益

造林年度	林龄（年）	阶段	小班数（个）	经营期末总收益（元）	简单算术年平均收益（元）	等额年金收益（元）
1980	32	Ⅵ	369	504 703.27	15 771.98	11 411.65
1981	31		247	503 779.32	16 250.95	11 887.35
1982	30		261	502 873.48	16 762.45	12 395.79
1983	29		293	501 985.41	17 309.84	12 940.36
1984	28		408	501 114.75	17 896.96	13 524.92
合计			1578	—	—	—
1985	27	Ⅴ	150	466 357.33	17 272.49	13 194.69
1986	26		81	465 520.48	17 904.63	13 825.60
1987	25		27	464 700.04	18 588.00	14 508.14
1988	24		31	463 895.69	19 328.99	15 248.76
1989	23		24	463 107.10	20 135.09	16 055.04
合计			313	—	—	—
1990	22	Ⅳ	28	333 470.45	15 157.75	12 215.49
1991	21		7	332 712.49	15 843.45	12 904.18
1992	20		11	331 969.39	16 598.47	13 662.77
1993	19		14	331 240.86	17 433.73	14 502.31
1994	18		21	330 526.62	18 362.59	15 436.29
1995	17		18	329 826.38	19 401.55	16 481.37
1996	16		3	329 139.87	20 571.24	17 658.40
1997	15		3	317 878.58	21 191.91	18 381.48
合计			105	—	—	—
1998	14	Ⅲ	27	163 996.54	11 714.04	10 266.51
1999	13		8	163 553.17	12 581.01	11 140.97
2000	12		16	163 118.49	13 593.21	12 162.05
合计			51	—	—	—

（续）

造林年度	林龄（年）	阶段	小班数（个）	经营期末总收益（元）	简单算术年平均收益（元）	等额年金收益（元）
2001	11	Ⅱ	14	79 788.90	7 253.54	6 556.89
2002	10		26	79 371.105	7 937.11	7 248.69
2003	9		141	78 961.50	8 773.50	8 094.77
2004	8		47	78 559.92	9 819.99	9 153.00
合计			228	—	—	—
2005	7	Ⅰ	18	18 834.82	2 690.69	2 533.51
2006	6		40	18 817.93	3 136.32	2 983.11
2007	5		17	18 801.37	3 760.27	3 612.84
2008	4		53	18 785.13	4 696.28	4 557.72
合计	—	—	128	—	—	—

说明：

（1）表中第5列“经营期末总收益”来源于表5-3。

（2）简单算术年平均收益=经营期末总收益/林龄（经营年限）。例如，1980年造林，林龄为32年的经营者的简单算术平均年收益为：简单算术平均年收益$(Y)=F/n=504703.27/32=15771.98$（元）。

（3）等额年金收益：$A=\frac{Fi}{(1+i)^n-1}$。其中：$\frac{i}{(1+i)^n-1}$为年金终值系数；A为等额年金收益；F为经营期末总收益；i为利率，$i=2\%$。例如，1980年造林，林龄为32年的经营者等额年金收益为：$A=\frac{Fi}{(1+i)^n-1}=504\ 703.27\times2\%/(1+2\%)^{32}-1=11\ 411.65$（元）。

根据表5-4绘制图5-3。图5-3为简单算术和等额年金法计算的经营林木期间的预期年收益变化趋势，具体分析如下。

第一，对于经营期（林龄）相同的总收益终值，由于采用的计算方法不同导致了年收益的不同，依据简单算术法计算的年均收益接近于农户估算的年均收入。

第二，两种方法计算的年收益虽然不同，但是变化趋势一致。

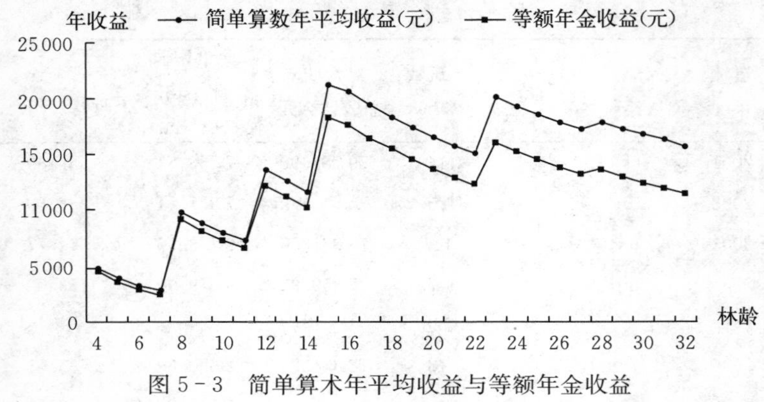

图 5-3　简单算术年平均收益与等额年金收益

这就使利用同时两种收益分析生态林经营者效用值的变化成为可能。

第三，在研究年限内，简单算术法计算的年收益均高于等额年金法计算的年收益，且两种计算方法计算的年收益值所表现出的变化趋势相同。这主要是因为两种方法计算的年收益所使用的经营期末总收益值均相同。

第四，是在第一阶段（林龄为 4～7 年），两种方法计算的年收益值相差最少，而后差距才逐渐加大，这主要是因为随着林龄的增加和补贴收益时间价值的变化。

第五，在每一时间段内，用两种方法计算的年收益都是在下降的。这主要是因为年收益由立木材积收益和补贴收益构成，而在同一时间段内立木材积收益是不变的平均值，但是随着时间的增加三种补贴的时间价值按年度分配后在同一阶段内都是下降的趋势。同样，在立木材积量单价不变和利率不变的条件下用两种方法计算的年最大收益并不是在林龄最大的时间段内，而是在研究年限内的第 15～16 林龄期间，这也主要是受补贴时间价值变化的影响。

5.3　风险规避度对经营者意愿转让时间影响分析

为分析风险规避度对经营者意愿转让时间影响的分析，有几

点说明如下：第一，此部分分析的意愿转让林木的时间也是经营者存在自盗可能的时间。在调研中了解到，部分拥有较大地块或较多地块的经营者一旦有了计划转让时间（按林龄计算），而又没有转让成功，或者是从经营者收入角度来看，立木材积量已经可以提前皆伐而又不能获得采伐许可就可能会出现借盗伐的名义而私自采伐树木的情况。第二，关于意愿转让时间的说明。可理解为风险规避程度对转让意愿的影响，故在下文的分析中多处使用了转让意愿一词。第三，意愿转让时间并不等于转让可成功的时间。生态林经营者欲转让林木能否成功还与欲购买林木的投资者有关，即林地转让需由买卖双方达成协议，不能完全由生态林经营者掌控。但是本研究仅从生态林经营者的角度，分析生态林经营者风险规避度对其欲转让或皆伐林木时间的影响，即仅从效用角度分析，经营者在什么林龄时最希望转让或皆伐其经营的林木，而不分析转让者与欲购买者如何才能达成转让协议才能使转让成功。第四，生态林经营者虽然了解生态林对农田和环境的保护功能，但是其更关心经营生态林所能获得的经济收益；在经济收益构成中更关心林木的材积收益，即黑龙江垦区农户、农场职工等即使不能获得三次补贴，也愿意获得生态林地或经济林的经营权。可见黑龙江在垦区经营林业的欲望十分强烈。

关于风险规避度对意愿转让时间的影响主要从两个方面进行分析：一是依据 F～K 级的绝对风险规避系数 $r(x)$ 值计算效用值分析具有不同风险偏好类型的生态林经营者可能转让林木经营权的时间；二是依据 F～K 级的 L－A 冒险系数 *LAR* 值计算出的效用值分析经营不同规模生态林经营者可能转让林木经营权的时间。

5.3.1　不同风险偏好类型经营者绝对风险规避度与意愿转让时间

5.3.1.1　绝对风险规避度与效用值

无论是初始财富多的经营者，还是初始财富少的经营者，其经营林业的根本目的都是为了获得收益。依据效用函数的表达式可知风险规避系数不同的经营者对相同收益值所获得的效用值不同，而不同林龄的立木会使经营者有不同的预期收入，所以经营者欲转让其所拥有林木的年限就会不同。

利用 L－A 效用函数以及 5.2 测出的年收入就可计算出生态林经营者的效用值，从而就可依据不同效用值的大小来分析生态林经营者意愿转让林木的时间（按林龄计算）。

本部分利用第三章测试出的生态林经营者的绝对风险规避系数 $r(x)$ 值［-0.0000312，0.0000682］计算生态林经营者的效用值，与这一风险规避系数范围对应的效用函数参数值 a 和 b 分别依据公式 $a=1/(x^{*}-x_{*})^{b}$、$b=\ln2/[\ln(x^{*}-x_{*})-\ln(x_{0}-x_{*})]$、$c=-x_{*}$、$x^{*}=53\,150$ 和 $x_{*}=2\,700$ 计算得出（见第三章分析），计算结果如表 5－5 所示。

表 5－5　生态林经营者风险规避系数及 L－A 效用函数参数

选项	ARA 系数	L－A 冒险系数	风险偏好	L－A 效用函数参数	
	$r(x)$ 值	LAR 值	类型	b	a
F	−0.000 031 2	0.400 6	风险追求型（F/G）	2.336 6	0.000 000 000 01
G	−0.000 023 4	0.323 5		1.956 5	0.000 000 000 63
	−0.000 017 3	0.250 5		1.668 5	0.000 000 014 23
H	0.000 019 0	−0.252 1	风险规避型（H/I/J/K）	0.597 3	0.001 552 312 27
I	0.000 021 4	−0.276 9		0.566 3	0.002 170 822 58
	0.000 021 6	−0.278 2		0.564 7	0.002 209 985 36
J	0.000 024 2	−0.302 9		0.535 0	0.003 046 523 37
K	0.000 050 5	−0.472 1		0.358 6	0.020 592 700 87
	0.000 068 2	−0.541 7		0.297 3	0.039 994 794 97

说明：

（1）由第 3.3.3 的分析可知，被调研的生态林经营者均没有选择 A、B、C、D、E、L 和 M 级选项，因此没有计算这 7 个等级的风险规避系数。

（2）由于在计算平均风险规避系数时要利用 L－A 冒险系数 LAR 的数值，所以将 L－A 冒险系数也列在了表中。

（3）F～K 级选项的确定性等价 x_0 值见表 3－5。

依据表 5-5 中 L-A 效用函数的参数值 a 和 b，分别使用简单算术平均年收益和等额年金年收益作为 L-A 效用函数的损益值变量，计算由 F～K 六个风险规避等级生态林经营者在生态林经营期为 4～32 年林龄期间的效用值，结果如表 5-6 和表 5-7 所示。

在表 5-6 和表 5-7 中，对于承包经营 2005 年造林（林龄 7 年）的生态林经营者没有依据风险规避系数计算其效用值，主要原因是依据简单算术平均法计算的年均收益值为 2 691 元，依据等额年金法计算的年均收益为 2 534 元，而利用 L-A 效用函数 $U(x)=a(x+c)^b$ 进行风险偏好测试时设置最小的收益值为 $x_*=$ 2 700 元，即认为经营生态林不存在收益小于 2 700 元的年份。简单算术平法和等额年金法计算的 2005 年的年收益值均小于 2 700 元，这就与最初给定的年均最小收益值 2 700 元矛盾。出现这一矛盾的主要原因是：

第一，实际上生态林经营者对于胸径或树高较小的林木（2005 年造林的人工杨树 18 个小班的平均径阶为 7.677 7 厘米和平均树高为 7.611 1 米，如表 5-2 所示）在核算其价值时并不是按照这些立木的胸径和树高估算林木的材积价值，而是在林木受自然灾害影响较小的条件下，依据林木成材后可能获得的收益进行估价。生态林经营者的估算方法见第三章中确定性等价的分级设置可知，即按第三章的估算方法是不可能出现林木年均收益小于 2 700 元的情况；

第二，依据被调研者对确定性等价的选择结果也可以看出，并没有任何被调研者选择 M 选项（2 700～4 000 元/年），可见生态林经营者认为小于 2 700 元的情况是不可能的。

上述两点分析表明，虽然按照立木检尺的要求，只要胸径大于 5 厘米均可测算其材积量，但是对于林龄较小且处于生长快速期的林木来说生态林经营者并不按照其材积量进行林木价值的估算。

表 5-6 生态林经营者风险规避度与简单算术年平均收益的效用值

造林年度		2008	2007	2006	2005	2004	2003	2002	2001	2000	1999	1998	1997	1996	1995	1994	1993	1992	1991	1990
林 龄		4	5	6	7	8	9	10	11	12	13	14	15	16	17	18	19	20	21	22
选项	*ARA*	Ⅰ阶段（2008—2005年）				Ⅱ阶段（2004—2001年）				Ⅲ阶段（2000—1998年）			Ⅳ阶段（1997—1990年）							
F	−0.000 031 2	0.000 5	0.000 1	0.000 0	—	0.010 3	0.007 1	0.005 0	0.003 6	0.027 8	0.022 2	0.017 9	0.095 8	0.088 5	0.075 5	0.065 0	0.056 4	0.049 2	0.043 2	0.038 1
G	−0.000 023 4	0.001 8	0.000 5	0.000 1	—	0.021 7	0.015 9	0.011 9	0.009 0	0.049 8	0.041 2	0.034 4	0.140 3	0.131 3	0.115 0	0.101 4	0.090 0	0.080 3	0.072 0	0.064 8
	−0.000 017 3	0.004 6	0.001 6	0.000 4	—	0.038 1	0.029 2	0.022 8	0.018 1	0.077 5	0.065 9	0.056 5	0.187 4	0.177 0	0.158 1	0.142 0	0.128 3	0.116 4	0.106 0	0.096 9
H	0.000 019 0	0.145 3	0.099 6	0.058 6	—	0.310 5	0.282 4	0.258 5	0.237 7	0.400 3	0.377 6	0.357 5	0.549 1	0.538 0	0.516 7	0.497 2	0.479 4	0.463 0	0.447 8	0.433 7
I	0.000 021 4	0.160 6	0.112 2	0.067 9	—	0.329 9	0.301 5	0.277 2	0.256 1	0.419 7	0.397 2	0.377 1	0.566 4	0.555 6	0.534 7	0.515 6	0.498 0	0.481 9	0.466 8	0.452 9
	0.000 021 6	0.161 4	0.112 9	0.068 4	—	0.331 0	0.302 6	0.278 3	0.257 1	0.420 8	0.398 3	0.378 1	0.567 4	0.556 5	0.535 7	0.516 6	0.499 1	0.482 9	0.467 9	0.453 9
J	0.000 024 2	0.177 6	0.126 6	0.078 7	—	0.350 8	0.322 2	0.297 6	0.276 2	0.440 4	0.418 0	0.397 9	0.584 5	0.573 9	0.553 5	0.534 8	0.517 6	0.501 7	0.486 9	0.473 2
K	0.000 050 5	0.314 1	0.250 3	0.182 1	—	0.495 5	0.468 1	0.443 9	0.422 2	0.577 2	0.557 3	0.539 3	0.697 8	0.689 3	0.672 7	0.657 4	0.643 2	0.629 9	0.617 4	0.605 6
	0.000 068 2	0.382 9	0.317 2	0.243 6	—	0.558 7	0.533 0	0.510 0	0.489 2	0.634 0	0.615 9	0.599 3	0.742 0	0.734 5	0.719 9	0.706 3	0.693 6	0.681 7	0.670 4	0.659 8

（续）

	造林年度	1989	1988	1987	1986	1985	1984	1983	1982	1981	1980
	林　龄	23	24	25	26	27	28	29	30	31	32
选项	*ARA*	Ⅴ阶段（1989—1985年）					Ⅵ阶段（1984—1980年）				
F	−0.000 031 2	0.083 5	0.074 8	0.067 2	0.060 7	0.054 9	0.060 6	0.055 3	0.050 5	0.046 3	0.042 6
G	−0.000 023 4	0.125 1	0.114 0	0.104 3	0.095 7	0.088 1	0.095 6	0.088 5	0.082 1	0.076 4	0.071 2
	−0.000 017 3	0.169 9	0.157 0	0.145 5	0.135 2	0.125 9	0.135 1	0.126 5	0.118 7	0.111 5	0.105 0
H	0.000 019 0	0.530 1	0.515 4	0.501 5	0.488 5	0.476 3	0.488 4	0.477 0	0.466 2	0.456 0	0.446 3
I	0.000 021 4	0.547 9	0.533 4	0.519 8	0.507 0	0.495 0	0.506 9	0.495 7	0.485 1	0.475 0	0.465 4
	0.000 021 6	0.548 8	0.534 4	0.520 8	0.508 0	0.496 0	0.507 9	0.496 7	0.486 1	0.476 0	0.466 4
J	0.000 024 2	0.566 4	0.552 2	0.538 9	0.526 4	0.514 6	0.526 2	0.515 3	0.504 9	0.494 9	0.485 5
K	0.000 050 5	0.683 2	0.671 7	0.660 8	0.650 5	0.640 6	0.650 4	0.641 2	0.632 5	0.624 2	0.616 2
	0.000 068 2	0.729 2	0.719 0	0.709 3	0.700 1	0.691 3	0.700 0	0.691 8	0.684 0	0.676 5	0.669 3

说明：

（1）依据L－A效用函数 $u(x)=a(x+c)b$，使用简单算术平均年收益（表5－4）完成表中效用值的计算，其中 a、b、c 的测试结果见表3－5。

（2）由第三章（表3－6）和第四章（表4－4）的分析可知，被调研的生态林经营者均没有选择A、B、C、D、E、L和M级选项，因此没有计算这7个等级的风险规避系数的效用值。

（3）2005年造林（林龄为7年）没有进行效用值计算的解释见正文分析。

表 5-7　生态林经营者绝对风险规避度与等额年金收益的效用值

造林年度		2008	2007	2006	2005	2004	2003	2002	2001	2000	1999	1998	1997	1996	1995	1994	1993	1992	1991	1990
林　龄		4	5	6	7	8	9	10	11	12	13	14	15	16	17	18	19	20	21	22
选项	*ARA*	Ⅰ阶段（2008—2005年）				Ⅱ阶段（2004—2001年）				Ⅲ阶段（2000—1998年）			Ⅳ阶段（1997—1990年）							
F	−0.000 031 2	0.000 4	0.000 1	0.000 0	—	0.008 2	0.005 4	0.003 6	0.002 5	0.020 0	0.015 3	0.011 9	0.065 2	0.058 4	0.048 2	0.040 1	0.033 6	0.028 2	0.023 9	0.020 3
G	−0.000 023 4	0.001 6	0.000 4	0.000 0	—	0.017 9	0.012 6	0.009 0	0.006 5	0.037 8	0.030 3	0.024 4	0.101 6	0.092 7	0.079 0	0.067 7	0.058 3	0.050 5	0.043 9	0.038 2
	−0.000 017 3	0.004 1	0.001 2	0.000 2	—	0.032 3	0.024 0	0.018 0	0.013 7	0.061 3	0.050 6	0.042 2	0.142 3	0.131 5	0.114 7	0.100 6	0.088 6	0.078 3	0.069 5	0.061 8
H	0.000 019 0	0.139 2	0.091 0	0.045 2	—	0.292 8	0.263 1	0.237 6	0.215 3	0.368 0	0.343 7	0.322 0	0.497 6	0.483 8	0.460 7	0.439 5	0.419 9	0.401 8	0.385 0	0.369 2
I	0.000 021 4	0.154 2	0.103 1	0.053 1	—	0.312 0	0.281 9	0.256 0	0.233 1	0.387 6	0.363 3	0.341 5	0.515 9	0.502 3	0.479 5	0.458 6	0.439 2	0.421 3	0.404 5	0.388 8
	0.000 021 6	0.155 0	0.103 8	0.053 6	—	0.313 1	0.283 0	0.257 0	0.234 1	0.388 6	0.364 4	0.342 5	0.516 9	0.503 3	0.480 6	0.459 6	0.440 3	0.422 3	0.405 6	0.389 9
J	0.000 024 2	0.170 9	0.116 9	0.062 5	—	0.332 8	0.302 4	0.276 0	0.252 7	0.408 4	0.384 2	0.362 4	0.535 2	0.521 8	0.499 4	0.478 8	0.459 7	0.441 9	0.425 2	0.409 6
K	0.000 050 5	0.306 1	0.237 3	0.155 9	—	0.478 4	0.448 6	0.422 0	0.397 8	0.548 7	0.526 7	0.506 5	0.657 7	0.646 7	0.627 9	0.610 4	0.594 0	0.578 5	0.563 8	0.549 8
	0.000 068 2	0.374 8	0.303 4	0.214 2	—	0.542 6	0.514 5	0.489 1	0.465 7	0.608 0	0.587 7	0.568 9	0.706 6	0.696 7	0.679 9	0.664 2	0.649 3	0.635 2	0.621 8	0.609 0

（续）

造林年份		1989	1988	1987	1986	1985	1984	1983	1982	1981	1980
林　龄		23	24	25	26	27	28	29	30	31	32
选项	ARA	Ⅴ阶段（1989—1985年）					Ⅵ阶段（1984—1980年）				
F	−0.000 031 2	0.044 8	0.038 7	0.033 6	0.029 2	0.025 5	0.027 4	0.024 1	0.021 2	0.018 7	0.016 5
G	−0.000 023 4	0.074 2	0.065 7	0.058 4	0.051 9	0.046 3	0.049 2	0.044 2	0.039 7	0.035 7	0.032 2
	−0.000 017 3	0.108 9	0.098 1	0.088 7	0.080 3	0.072 8	0.076 7	0.069 9	0.063 8	0.058 3	0.053 4
H	0.000 019 0	0.452 1	0.435 6	0.420 0	0.405 4	0.391 5	0.398 8	0.385 8	0.373 4	0.361 6	0.350 3
I	0.000 021 4	0.471 1	0.454 8	0.439 4	0.424 8	0.411 0	0.418 3	0.405 3	0.393 0	0.381 2	0.369 8
	0.000 021 6	0.472 1	0.455 8	0.440 4	0.425 9	0.412 0	0.419 3	0.406 4	0.394 0	0.382 2	0.370 9
J	0.000 024 2	0.491 1	0.475 0	0.459 8	0.445 4	0.431 7	0.438 9	0.426 1	0.413 8	0.402 0	0.390 7
K	0.000 050 5	0.620 9	0.607 2	0.594 1	0.581 6	0.569 5	0.575 9	0.564 5	0.553 6	0.543 0	0.532 7
	0.000 068 2	0.673 6	0.661 3	0.649 4	0.638 0	0.627 0	0.632 8	0.622 5	0.612 5	0.602 7	0.593 3

说明：

（1）上表利用 L－A 效用函数 $u(x)=a(x+c)^b$，并使用等额年金收益完成上表中效用值的计算，其中 a、b、c 的测试结果见表 3－5。

（2）由第三章（表 3－5）和第四章（表 4－4）的分析可知，被调研的生态林经营者均没有选择 A、B、C、D、E、L 和 M 级选项，因此没有计算这 7 个等级的风险规避系数的效用值。

（3）2005 年造林（林龄为 7 年）没有进行效用值计算的解释见正文分析。

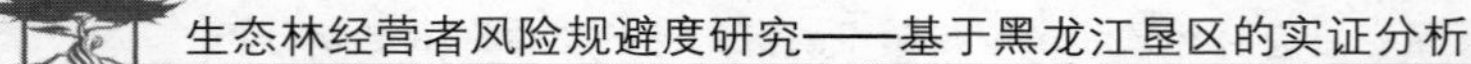

第三，不计算经营者 2005 年造林预期收益的效用值与经营者经营林业预期在较长时间后获得收益的观点是一致的。

表 5-6 和表 5-7 分别按简单算术平均法和等额年金法测算的年收益值计算了风险追求型和风险规避型生态林经营者的效用值，依据表 5-6 绘制了图 5-4 和图 5-6，依据表5-7 绘制了图 5-5 和图 5-7。图 5-4 和图 5-5 反映的是具有不同风险规避度的风险偏好型经营者在经营期间（林龄）年收入效用值变化，图 5-6 和图 5-7 反映的是具有不同风险规避度的风险规避型经营者在经营期间（林龄）年收入效用值变化。在图 5-5、图 5-6 和图 5-7 中都对 2003 年后造林的效用值范围进行了标注，对于造林时间短的林木是不能按立木收益分析经营者的效用值的，这在对 2005 年造林的效用值进行分析时就已经分析过。现依据效用值的变化，对风险追求型和风险规避型生态经营者的意愿转让时间进行分析。

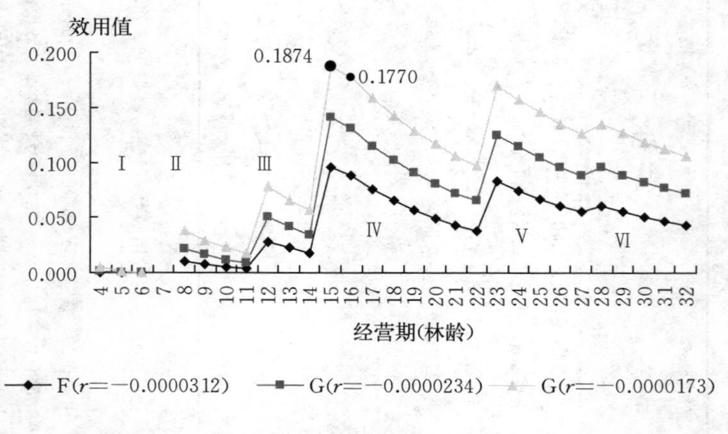

图 5-4 简单算术平均收益条件下风险追求型生态林经营者效用值

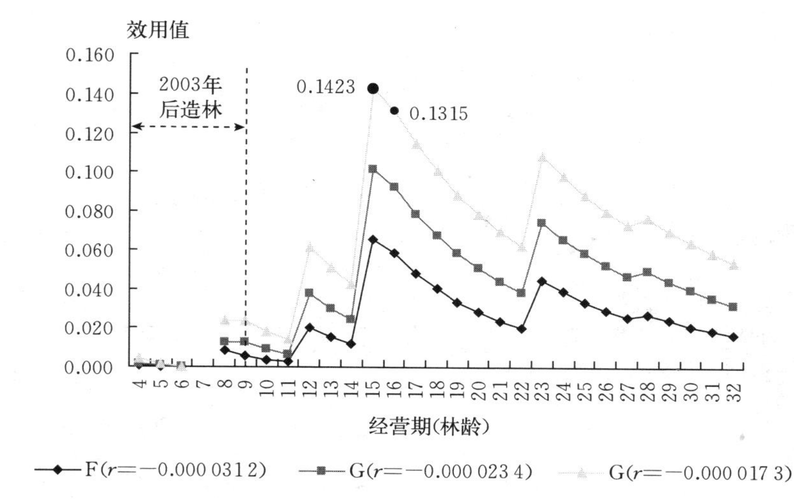

图 5－5　等额年金收益条件下风险追求型生态林经营者效用值

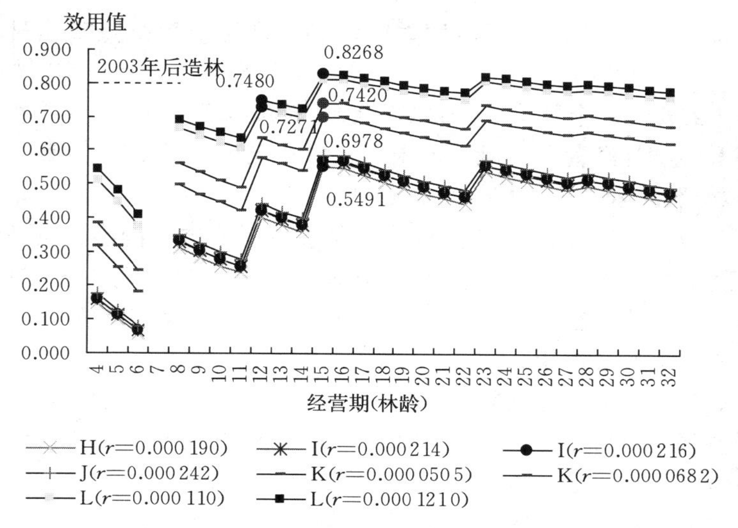

图 5－6　简单算术年均收益下风险规避型生态林经营者效用值

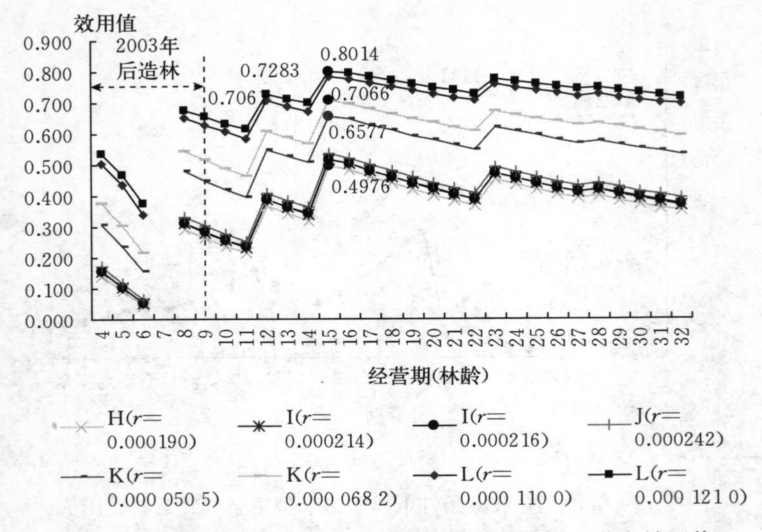

图 5-7　等额年金收益条件下风险规避型生态林经营者效用值

5.3.1.2　绝对风险规避度对风险追求型经营者意愿转让时间影响

在 F～K 个风险规避系数等级中，选择 F 和 G 选择项生态林和经济林经营者为风险追求型，占总调研者的 26%，其中生态林经营者为风险追求型的占被调研的生态林经营者的 13.51%。虽然风险追求型的生态林经营者所占比例小，但是由于生态林经营者在 2002 年和 2003 年的总户数分别为 35 户和 183 户，所以按该比例计算的风险追求型的绝对数仍然较高，为此有必要对其转让决策进行分析。

在既定的绝对风险规避系数条件下，无论是将简单算术平均收益作为变量计算效用值（图 5-4），还是将等额年金收益作为变量计算效用值（图 5-5），都可以看出：

第一，效用值变化的总趋势是随着经营年限（林龄）的增加而呈现出先上升后下降的趋势。

第二，对于F和G这两个风险规避系数等级，效用值的变化趋势都具有一定的阶段性，这些阶段与依据胸径和树高划分的六个阶段（表5-6和表5-7）具有一致性，即林龄为4～7年、8～11年、12～14年、15～22年、23～27年、28～32年。存在这一规律的主要原因是：由于使用的L-A效用函数是生态林年收益的增函数，而在年收益中立木材积收益所占比例大，且立木材积又是根据立木平均径阶和平均树高计算获得，所以效用值体现出的6个阶段就与平均径阶和平均树高划分的6个阶段具有了一致性。这说明生态林经营者效用值的变化主要取决于立木材积及其收益的变化。

第三，在立木材积价值相同的经营期间，经营者的效用值均呈下降趋势。因为上述6个阶段中的每个阶段的立木材积量均是按该阶段树木的平均径阶和平均树高计算，所以每个阶段均具有相同的材积量。在同一阶段内，随着经营年限（林龄）的增加，在同一阶段内，立木材积基本不变或变化很小，那么立木材积收益就基本不变或变化很小，而随着时间的推移，年平均收益或等额年金收益就会下降，而补贴获得的利息收入没有年收益下降得快。这就说明如果经营者计划在某一阶段转让其林木，那么其更希望在这一阶段的开始年份。从第8年后的每个阶段都可以从图5-4和图5-7中清楚地看出。

第四，无论按上述那种方法计算年收益，经营者效用值最大的经营年限都是在第15年。所以在经营到第15年时，经营者最希望转让林地经营权获得收益。

第五，同时由于第16年末有经营生态林获得的两种补贴额，使第16年的效用值与第15年极为接近，且在两种条件下，15年和16年获得效用都超过了其余的30年，而且两种方法计算的这两年的效用值的差额都非常接近。在使用简单算术平均法计算年均收益的条件下，第16年的效用值为0.177-0，第15年的效用值为0.187-4（图5-4），仅相差0.010-4；而使用等额年金条件下计算的这两年的效用值分别为 0.131 5 和 0.142 - 3（图 5 - 5），仅相差 0.010 8。

第六，虽然计算年收入的方法不同而有不同的年收入和效用值，但是效用值的不同并没有影响效用值的排序。

5.3.1.3 绝对风险规避度对风险规避型经营者意愿转让时间影响

在 F～K 个风险规避系数等级中，选择 H～K 选择项的生态林和经济林经营者为风险规避型，共 50 户，占生态林和经济林被调研者的 73.53%。其中风险规避的生态林经营者占被调研生态林经营者总数的 86.49%，现依据 L - A 效用函数对其林木转让意愿进行分析。

第一，分析风险规避的决策者与风险偏好的决策者在经营决策方面的不同点。虽然两者达到最大效用值的经营期（第 15 年）相同，但是效用值的大小却有很大差异。以 G 级风险规避系数中的 G 上限（r=－0.000 017 3）为例，经营者在第 15 年获得的效用值分别为 0.187 4（简单算术平均法，见图 5 - 4 数据点标志值）和 0.142 3（等额年金法，见图 5 - 5 数据点标志值），而全部风险规避型经营者（H～K 级）在该年获得的效用值范围分别为 [0.549 1，0.826 8]（简单算术平均法，见图 5 - 6 数据点标志）与 [0.497 6，0.801 4]（等额年金法，见图 5 - 7 数据点标志）。后者的最小效用值也超过了风险偏好型决策者在第 15 年的最大值。可见，对于相同的年收益，风险规避的经营者所获得的效用大。

第二，分析风险规避型经营者的转让意愿。由图 5 - 6 和图 5 - 7可以看出，从效用值的变化趋势看，关于对风险规避型与风险偏好型经营者第一至第四点的分析是一致的（见 5.4.1.1 的分析），就不再重复分析。现对风险规避型决策者依据效用进行的转让意愿分析。对于经营年限相同的生态林，风险规避度越大（表现为绝对风险规避系数为正，且绝对值逐渐增大，即由

H～K 风险规避度逐渐增大），按经营生态林年收入计算的效用值就越大。仍然以 15 年的经营期为例进行说明。对于 K 级风险规避度的经营者来说，第 15 年时（1997 年造林）获得最大效用值，且最大效用值或者在 0.697 8～0.742 0（简单算术平均法，见图 5－6 数据点标志），或者在 0.657 7～0.706 6（等额年金法，见图 5－7 数据点标志），但是在第 12 年时具有 L 级风险规避系数的经营者的效用值就已经达到了 0.727 1～0.748 0（简单算术平均法，见图 5－6 数据点标志）或是 0.706 1～0.728 3（等额年金法，见图 5－7 数据点标志）正是由于风险规避度高的经营者会在较早的时期获得较大的效用值，所以与风险规避度小的经营者相比，在林木未到成才之前就愿意较早地转让林地，而在林木达到用材标准时愿意较早地皆伐。这与部分研究者的结论具有一致性。Gong(1998）指出当考虑农户的风险偏好为风险规避时，立木的理想预售价格非常可能低于风险中立的情况，这就暗示了与风险中立的森林所有者相比，风险规避者收获早。也正如 Binici(2003）所表达的风险规避的农场主在管理决策上可能会倾向于减少收入的决策。

5.3.2　不同规模经营者加权平均风险规避度与意愿转让时间

第四章实证分析了生态林经营者现经营林地规模影响其风险规避度，本章进一步分析经营不同规模生态林经营者平均风险规避度对效用值的影响，进而分析经营不同规模生态林的经营者意愿转让林木的时间。

国外学者对平均风险规避系数已经进行了有关分析。Koundouri 等（2009）利用 Just－Pope（1978）提出的生产风险函数 $y=f(x，A：z)+g(x，A)e$ 测算了经营不同面积农作物生产者的平均风险规避系数，其将农场规模分成了 4 个范围，即 9～33 公顷、34～45 公顷、46～63 公顷、64～167 公顷，平均绝对风险规避系数值分别为 0.320、0.223、－0.240、－1.476。本研究以此为基础，利用 L－A 效用函数 $U(x)=a(x+c)^b$ 计算了经营不同规模生态林经营者的加权平均风险规避系数，并依据加权平均风险规避系数对经营不同规模生态林经营者的意愿转让林木时间进行了分析。

5.3.2.1 加权平均风险规避度与效用值

绝对风险规避系数 $r(x)=-u''(x)/u'(x)=-(b-1)/(x+c)$会因 x 的不同取值而不同，所以虽然可以计算出加权平均的 $\bar{r}(x)$值，但是却无法获得平均的 $\bar{b}$ 值。

本部分利用 L－A 冒险系数 RLA 值计算加权平均风险规避系数 $RL\bar{A}$。主要原因是 $RLA=1-2/(b+1)$对于既定的测试者是常数（见 2.3.2 的分析），这是由该系数的几何含义所决定的，这样就可以依据加权平均风险规避系数 $RL\bar{A}$ 求出平均的 $\bar{b}$ 值，进而求出平均的 $\bar{a}$ 值。具体计算公式如下：

$$RL\,\bar{A}=\sum_{i=F}^{k}LAR_{i}m_{i}$$

式中，LAR_i 为简单平均 LRA 值；m_i 为样本数。

加权平均风险规避度 $RL\bar{A}$ 的计算结果如表 5－8 所示，对其分析可知：

第一，所有规模经营者的加权平均风险规避度 $RL\bar{A}$ 均为负值，这说明所有规模经营者的平均风险类型仍属于风险规避型，这与第三章的结论一致。

第二，三种经营规模（0～30 亩、31～90 亩、91～210 亩）的加权平均风险规避度 $RL\bar{A}$ 随着经营规模的扩大表现出风险规避度递增的趋势，即分别是－0.132 5、－0.226 2 和－0.285 1（LRA 与 ARA 系数的符号是相反的），这与第四章中不同规模经营者风险规避度差异显著原因的结论具有一致性。

第三，从整个风险规避系数等级来看，加权平均风险规避度 $RL\bar{A}$ 均在 H 级和 I 级附近波动，具有较低的风险规避度。由第

四章（见 4.2.3.3）分析所得的经营规模小的经营者与经营规模较大的经营者相比具有更低风险规避度的结论具有一致性。

依据 $RL\overline{A}$ 计算 $\bar{b}$ 值的公式为：

$$\bar{b}=(1+LA\bar{r})/1-LA\bar{r}$$

在获得了 $\bar{b}$ 值的条件下，再依据公式 $a=(x^{*}-x_{*})^{-b}$ 就可计算出平均的 $\bar{a}$ 值，即：

$$\bar{a}=(x^{*}-x_{*})^{-\bar{b}}$$

平均 $\bar{a}$ 和平均 $\bar{b}$ 的计算结果如表 5－8 所示。这样就具备了利用效用函数 $\overline{U}(x)=\bar{a}(x+c)^{\bar{b}}$（$c=x_{*}$ 为已知）计算效用值的条件，经营不同规模的生态林经营者不同经营期年收入的效用值如表 5－9 所示。

5.3.2.2　加权平均风险规避度对意愿转让林木时间影响

依据加权 L－A 冒险系数、简单算术平均年收益和等额年金收益计算经营规模分别为 0～30 亩、31～90 亩和 91～210 亩的生态林经营者的效用值如表 5－9 所示。依据表 5－9 分别绘制了简单算术年均收益和等额年金收益条件下不同规模经营者的效用值，如图 5－8 和图 5－9 所示。对图 5－8 和图 5－9 的绘制做如下说明：

第一，由于本章是对 2002 年和 2003 年开始造林的生态林经营者的意愿转让时间进行分析，并且在 5.3.1 中已经解释了 2005 年后造林经营期较短的经营者并不依据立木材积收益和补贴年收益的效用值进行决策的原因，所以在图 5－8 和图 5－9 中就没有再显示 2005 后造林（林龄小于等于 7 年）的三种经营规模的生态林经营者的效用值变化。

第二，虽然 2004 年造林（林龄为 8 年）的经营者也不在分析的范围之内，但是该年与 2002 年和 2003 年同属于研究期间的第二阶段（2004—2001 年），所以将该年经营者的效用值的曲线也显示在图 5－8 和图 5－9 中，并且已经用虚线条标注。

表 5-8　经营不同规模生态林经营者加权平均风险规避系数与效用函数参数

选项	L-A冒险系数(LAR)	简单算术平均 *LAR* 值	总样本	0~30亩				31~90亩						91~210亩							
				样本数小计	加权平均LAR	$\bar{b}$	$\bar{a}$	31~60	61~90	样本数小计	加权平均LAR	$\bar{b}$	$\bar{a}$	91~120	121~150	151~180	181~210	样本数小计	加权平均LAR	$\bar{b}$	$\bar{a}$
F	0.400 6	0.400 6	1	1				0	0	0				0	0	—	0	0			
	0.323 5							0	1	1											
G		0.287 0	4	3										0	0	—	0	0			
	0.250 5							1	2	3											
H	−0.252 1	−0.252 1	12	8				2	2	4				0	0	—	1	1			
	−0.276 9				−0.132 5	0.766 0	0.000 249 8				−0.226 2	0.631 1	0.001 077 0						−0.285 1	0.556 2	0.002 421 4
I		−0.277 6	11	2										1	3	—	1	5			
	−0.278 2							0	3	3											
J	−0.302 9	−0.302 9	8	1				0	0	0				2	2	—	0	4			
	−0.472 1																				
K		−0.506 9	1	1										0	0	—	0	0			
	−0.541 7																				
	样本合计		37	16	—	—	—	3	8	11	—	—	—	3	5	—	2	10	—	—	—

说明：

（1）2002年和2003年造林，且经营生态林规模为211～240亩以及241亩以上的经营者分别为5户和7户（表4-3），占此两年全部生态林经营者的比例为$[(5+7)/(35+183)]\times100\%=5.5\%$；12户经营者造林总面积占此两年生态林造林总面积的比例为：$[(240+1067+228+2125)/(2984+9651)]\times100\%=29.18\%$。由于这12户生态林经营者未有参与问卷回答，所以没有对211亩以上规模的决策者分析其及决策意愿；同时，此两年间造林规模为151～180亩的生态林经营者为5户，总经营面积为814亩，也未参加问卷的回答，所以也没有分析这一规模经营者的决策意愿。

（2）由于G级、I级和K级是具有变量区间的风险偏好等级，所以将上下限平均后取中间值进行计算，即为"简单算术平均*LAR*值"；其他等级的风险偏好系数不变。

（3）表中"加权平均*LAR*值*LAR*"是对不同经营规模生态林经营者数量加权后计算得出。

（4）将*LAR*系数加权平均后获得的*LAR*代入L-A冒险系数LAR的计算公式$LAR=1-2/(b+1)$，就可获得：$\bar{b}=(1+LAR)/1-LAR$；$\bar{a}=(x^*-x_*)^{-\bar{b}}$；$x^*=53\ 150$；$x_*=2\ 700$（见3.3.2分析）。

表 5-9　加权平均风险规避度与不同经营规模生态林经营者效用值

造林年度	林龄	年收益值		0～30 亩（$\bar{a}$=0.000 249 8；$\bar{b}$=0.766 0）$L\bar{A}R$=−0.132 5		31～90 亩（$\bar{a}$=0.001 077 0；$\bar{b}$=0.631 1）$L\bar{A}R$=−0.226 2		91～210 亩（$\bar{a}$=0.002 421 4；$\bar{b}$=0.556 2）$L\bar{A}R$=−0.285 1	
		简单算术年平均收益（元）	等额年金收益（元）	简单算术年平均收益效用值	等额年金收益效用值	简单算术年平均收益效用值	等额年金收益效用值	简单算术年平均收益效用值	等额年金收益效用值
1980	32	15 771.98	11 411.65	0.355 4	0.260 5	0.426 5	0.330 1	0.471 8	0.376 5
1981	31	16 250.95	11 887.35	0.365 3	0.271 3	0.436 3	0.341 4	0.481 3	0.387 8
1982	30	16 762.45	12 395.79	0.375 9	0.282 7	0.446 6	0.353 2	0.491 4	0.399 6
1983	29	17 309.84	12 940.36	0.387 0	0.294 8	0.457 5	0.365 6	0.501 9	0.411 9
1984	28	17 896.96	13 524.92	0.398 9	0.307 6	0.469 0	0.378 6	0.513 0	0.424 8
1985	27	17 272.49	13 194.69	0.386 3	0.300 4	0.456 7	0.371 3	0.501 2	0.417 5
1986	26	17 904.63	13 825.60	0.399 0	0.314 1	0.469 1	0.385 2	0.513 2	0.431 3
1987	25	18 588.00	14 508.14	0.412 7	0.328 8	0.482 3	0.400 0	0.525 9	0.445 8
1988	24	19 328.99	15 248.76	0.427 4	0.344 5	0.496 4	0.415 6	0.539 4	0.461 2
1989	23	20 135.09	16 055.04	0.443 1	0.361 3	0.511 5	0.432 3	0.553 8	0.477 4
1990	22	15 157.75	12 215.49	0.342 5	0.278 7	0.413 7	0.349 0	0.459 3	0.395 4

（续）

造林年度	林龄	年收益值		0～30 亩 ($\bar{a}$=0.000 249 8;$\bar{b}$=0.766 0) $LA\bar{R}$=−0.132 5		31～90 亩($\bar{a}$=0.001 077 0; $\bar{b}$=0.631 1) $LA\bar{R}$=−0.226 2		91～210 亩 ($\bar{a}$=0.002 421 4;$\bar{b}$=0.556 2) $LA\bar{R}$=−0.285 1	
		简单算术年平均收益(元)	等额年金收益(元)	简单算术年平均收益效用值	等额年金收益效用值	简单算术年平均收益效用值	等额年金收益效用值	简单算术年平均收益效用值	等额年金收益效用值
1991	21	15 843.45	12 904.18	0.356 9	0.294 0	0.427 9	0.364 7	0.473 2	0.411 1
1992	20	16 598.47	13 662.77	0.372 5	0.310 6	0.443 3	0.381 6	0.488 2	0.427 8
1993	19	17 433.73	14 502.31	0.389 5	0.328 7	0.459 9	0.399 8	0.504 3	0.445 7
1994	18	18 362.59	15 436.29	0.408 2	0.348 4	0.478 0	0.419 5	0.521 7	0.465 0
1995	17	19 401.55	16 481.37	0.428 8	0.370 1	0.497 8	0.440 9	0.540 7	0.485 9
1996	16	20 571.24	17 658.40	0.451 6	0.394 1	0.519 5	0.464 3	0.561 4	0.508 5
1997	15	21 191.91	18 381.48	0.463 6	0.408 6	0.530 8	0.478 4	0.572 2	0.522 1
1998	14	11 714.04	10 266.51	0.267 4	0.233 8	0.337 3	0.302 0	0.383 7	0.348 1
1999	13	12 581.01	11 140.97	0.286 8	0.254 2	0.357 4	0.323 6	0.403 8	0.369 9
2000	12	13 593.21	12 162.05	0.309 1	0.277 5	0.380 1	0.347 8	0.426 3	0.394 2
2001	11	7 253.54	6 556.89	0.158 5	0.139 5	0.219 2	0.197 4	0.262 4	0.239 3
2002	10	7 937.11	7 248.69	0.176 4	0.158 3	0.239 4	0.219 1	0.283 7	0.262 3
2003	9	8 773.50	8 094.77	0.197 6	0.180 4	0.262 9	0.244 0	0.308 0	0.288 4
2004	8	9 820.00	9 153.00	0.223 2	0.207 0	0.290 6	0.273 2	0.336 5	0.318 6

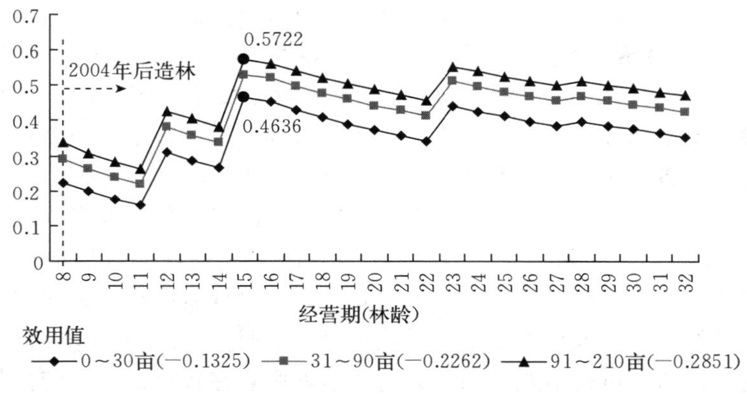

图 5－8　简单算术年均收益条件下不同经营规模生态林经营者效用值

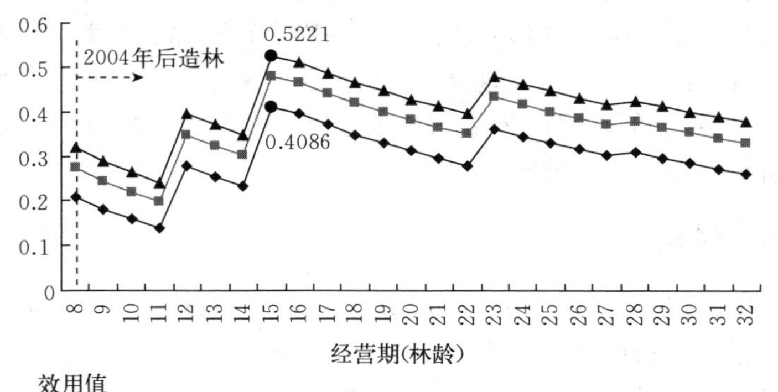

图 5－9　等额年金收益与不同经营规模生态林经营者效用值

加权平均风险规避度对意愿转让林木时间的影响分析如下：

第一，图 5－8 和图 5－9 所表现出的效用值变化趋势与依据绝对风险规避度计算的不同风险偏好类型经营者效用值的变化趋势具有一致性（图 5－4、图 5－5、图 5－6、图 5－7）。这首先说明利用我国学者提出的 L－A 冒险系数进行加权计算不同经营规模经营者平均风险规避系数与国外学者提出的绝对风险规避系数虽然计算方法不同，但是在研究中取得的结果具有一致性，为L-A冒险系数的推广和使用提供了依据。所以，关于图5-8和图5-9效用值最大的年限、效用值的对比以及效用值的变化趋势等也都与利用绝对风险规避系数分析的两种风险偏好类型经营者的决策意愿具有一致性，就不再重复分析。

第二，经营规模较大的生态林经营者因风险规避度高（表现为 $R\overline{LA}$ 值的绝对值大），所以在所有研究年度内的效用值都超过了经营规模较小的经营者，也就是说风险规避度高的大面积生态林经营者在较早的年限就可获得风险规避度低的小面积经营者的效用值，可得出经营面积大的经营者愿意在较早的年份转让其经营的部分林木。在这里必须要进一步解释的是拥有大面积多地块的经营者虽然表现为愿意在较早的年份转让其经营的林木，但是在调研中了解到，这部分经营者只是愿意转让部分林木，而不是意愿转让全部林木。这正是其对第三章设计的问题（见3.3.1）选择较低确定性等价的根本原因，即愿意以较低的确定性等价让渡部分林地的经营权。

5.3.3 讨论

第一，Lien 等（2007）在研究风险规避与理想的云杉再种植时依据相对风险规避系数和效用函数分析了理想的再种植时间。其绘制的图形与图5-4、图5-5、图5-6、图5-7、图5-8和图5-9的变化趋势基本一致（图5-10）。两者不同的是Lien等（2007）绘制的图形在纵轴使用确定性等价替代了效用值。因 Lien 等使用的效用函数 $U=\frac{1}{1-r_r\ (W_T)}W_T{}^{[1-r_T(W_T)]}$ 为常数相对风险规避系数，不是依据农户的风险偏好拟合的函数，所以使用确定性等价进行效用计算时就会使效用值远大于1或100（人们选择的效用值的常规变化范围为0～1），因此使用确定性

等价（CE）替代了效用值绘制在左图中。然而本研究使用的是实际拟合的效用函数，函数的变量也始终都是年收入，最大收益值也是按依据生态林经营者可能获得的收益进行设置，所以在纵轴上可使用效用值为坐标。

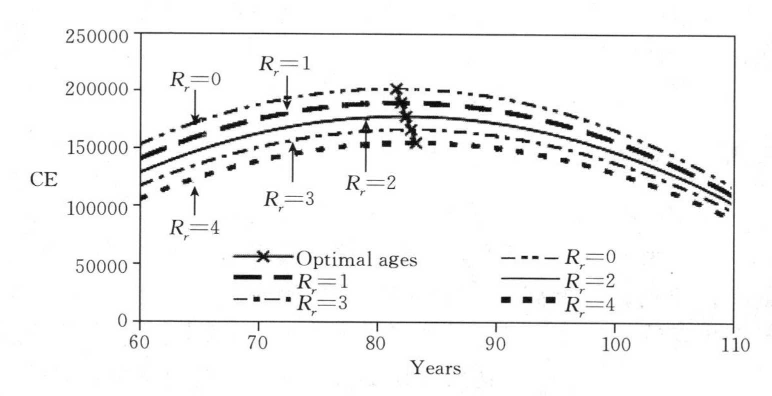

图 5-10　不同风险规避度条件下的确定性等价与树木理想的理想循环年限

第二，在图 5-4 至 5-9 的图形中没有出现光滑曲线的原因是对于林龄 4～32 的人工杨树均采用实测数据进行了分段计算材积，而 Lien 等（2007）则使用了学者拟合后立木材积和价格的时间函数函数方程，不但可以按规律拟合每年的材积，而且价格曲线也可表现出较好的涨幅，故曲线比较光滑。

第三，关于风险对林地流转、树木理想再种植时间等的研究，学者的意见并不统一。Uusivuori(2002）研究了在木材价格不确定的情况下，非工业私有林拥有者变化的风险态度对其收获行为的影响，结果表明在通常情况下，如果随着财富的增加，非工业私有林所有者风险规避是递减的，那么活立木储量就会增加，可缓解木材储备量减少的压力。也就说，如果立木收益呈上涨趋势，就愿意持有林木而等待林木升值，则所有者就表现出低的风险规避度，或者是不愿意转让，或者是不愿意砍伐。廖文梅等（2010）借助于 Logistic 模型，通过对山西省 30 个县的分析，指出从事林业经营农户的风险态度与林地流转行为具有正向关系，在农户教育程度和家庭劳动力数量等 12 个变量不变的情况下，认为经营林地有风险的农户流转林地的可能性是那些认为经营林地无风险农户的 2 倍多。实际上是说经营林业的风险大，即风险规避度高的农户更愿意流转林地，这与本研究的结论具有一致性。上述两位学者的研究与本研究具有一致性，而与 Lien 等（2007）的结论则正好相反。

5.3.4 难以成功转让的原因

在调研中了解到，部分生态林经营者根据自己的方法估算了林木的未来价值，然后在自己愿意接受的折扣基础上给出了林木的转让价格。但是截至 2012 年 3 月调研时，在 2002 年和 2003 年开始经营承包经营生态林的经营者截至 2012 年还未有转让成功的，即没有买卖双方达成转让协议的。了解到的原因就是经营者给出的转让价格过高，表现在两方面：一是由于经营者给出的林木总价过高，有支付能力的购买者少；二是即使有支付能力，也不愿意接受过高的转让价格。具体分析如下：

一是林地经营者依据的简单估算给出了过高的转让价格。退耕还林三次补贴按复利 2%计算终值与立木材积收益总和分别按简单算术平均法和等额年金法计算年均收入和等额年金收入后都没有生态林经营者计算的年收入高。仍然以经营 30 年为例，且保存率均为 85%，生态林经营者对持有 30 年林木估算的年收益为 17 536 元/年（见 3.3.3.2 的分析），而按简单算术平均法计算的年收益为 16 762 元/年，按等额年金法计算的等额年金收益为 12 396 元/元（表 5－4），均低于经营者自己估算的年收益。主要是由于在生态林在皆伐前，除获得退耕还林的三次补贴外，经营者是没有收益流入的，所以，生态林经营者在估算经营林地的收益时，并没有对资金的时间价值进行精确的考虑。可见，如果经营者不考虑收益的时间价值，而只是依据简单算术平均给出

的转让价格就会偏高。

二是经营者对未来的乐观预期使转让价难以下降。实际上，经营者还认为自己拥有的林木“实物”是可以防止通货膨胀带来货币贬值损失的，认为物价上涨，林木价格就会上涨，而且还认为木材价格的涨幅一定会高于通货膨胀率。另外，生态林经营者是根据现行木材批发市场的价格对自己经营的林木未来价值进行评估，虽然承认木材的价格会有所波动，但是认为木材价格的总趋势是会上涨的，所以认为木材若干年后的价格一定会高于现在的价格，即是在立木未来可能获得的总收益基础上打个自己满意的折扣后，才给出可转让的价格。如果有人接受，经营者就能获得比较满意的收入；如果没人接受，就选择等待，即等到生态林木的皆伐期，自己进行砍伐销售或者是直接留给子女继承（在调研中虽然了解到有农户试图转让林地，但是没有发现有经营者因急需用钱而转让林地的情况）。

这样面对售价过高的林地经营权和林木，很多欲购买者都因无购买能力而放弃。然而，在买方主要考虑资金时间价值的情况下估算投资经营林地可获得的收益，必然要考虑资金的回报率和投资林业的机会成本，这样双方核算立木价值的方法就会有很大的不同。如按时间价值估算的等额年金收益 12 396 元/年与按农户估算的年收益 17 536 元/年相差 5 140 元/年，过高的购买价格毫无疑问会降低投资者的投资收益率，所以在在转让价格上难以达成共识。所以，在有支付能力的情况，也仍然因为价格过高而放弃。

三是较低的风险规避度使高价格持续。由经营者意愿转让年限的分析可知，虽然大多数经营者为风险规避型，但是风险规避度总体较低，表现为选择了较高收益代表的确定性等价。按生态林经营规模对风险规避系数进行平均后，也仍然表现为较低的风险规避度，即经营者愿意接受经营林业的各种风险。所以林地经营者就会认为如果转让林地经营权和林木后不能获得理想的收益，而是以较低的价格实现了转让，那么还不如将资金留在经营林业上。调研时，有的经营者就认为立木价格的上涨可以弥补损失的利息。同时，还认为，如果将转让获得的资金进行其他方面的投资，可能还会面临更大的风险，即经营者认为投资于林业更安全。所以经营者在经营林业上所表现出来的低风险规避的态度进一步使转让价格居高不下。

5.4 本章小结

本章主要分析了风险规避度对生态林经营者意愿转让林木时间的影响。首先依据获得的胸径和树高资料，使用实验形数法测算了不同林龄的立木材积；然后，依据可能的立木材积收益和补贴收益计算了年平均收益和等额年金收益；最后，在此基础上，依据L－A效用函数，分别使用绝对风险规避系数和加权L－A冒险系数计算了不同风险偏好类型和不同经营规模生态林经营者的效用值，进而对意愿转让年限进行了对比分析，得出风险规避度高的生态林经营者意愿转让林木的年限要早于风险规避度低的经营者的结论。

第六章　结论与建议

6.1　研究结论

第一，基于林地转让视角，生态林与经济林经营者风险规避系数的卡方检验结果表明两者的风险规避度差异显著，得出经营林种不同影响林业经营者风险规避度的结论。

第二，基于林地转让视角，经营规模在 0～30 亩和 31 亩以上的生态林经营者的风险规避系数差异显著，得出生态林经营者现经营林地规模影响其风险规避度的结论。

第三，基于风险规避度影响生态林经营者经营决策的视角，计算了具有不同风险规避度的林业经营者的效用值，得出风险规避度高的经营者意愿在较早的年限转让其经营的林木。

第四，退耕还林补贴在生态林经营期末总收益中所占比例较小表明在黑龙江垦区退耕还林补贴并不是促进农户积极从事林业经营的主要动力，其主要动力来源于优惠的林业用地政策可以使林业经营者获得超过从事种植业的收入。

6.2　促进垦区生态林转让与进一步巩固生态林现有成就的建议

6.2.1　帮助生态林经营者合理评估经营林地的预期收益

此建议基于生态林经营者估算的经营林地的年平均收益高于考虑资金时间价值时按等额年金法计算的年收益，从而使买卖双方在转让价格上难以达成协议。

在第四章（4.2.3）的分析中可知，风险规避度高的经营者一般都拥有较多地块或较大面积的林地，在第五章的分析中可知这些风险规避度高的经营者与风险规避度低的经营者相比期望在较早的年度转让其经营的部分林木，尤其是在分析转让难以获得成功的原因（5.3.4）时，提到的主要原因就是经营者给出的转让价格过高。为此，如果因定价不够科学合理而使转让无法达成协议，就有可能引起自盗行为。容易理解的是生态林经营者面对较大面积且已经具有用材价值的林木而无法通过正常途径转化成收入，就不能排除部分林木所有者自己盗伐树木。如果盗伐成功，一是在林木皆伐前就可获得较高收益，减少未来可能出现被他人盗伐的风险，二是可以满足对资金其他用途的需求。

这里需要说明的是风险规避度高低是一个相对的概念，在第五章按三种经营规模计算的加权平均风险规避度有三种情况，在第三章测试的风险规避度又分为六个等级，随着风险规避度的增加，出现上述问题的可能性就会增大。

可见，虽然农场为生态林经营者转让林地提供诸多的方便条件，但是只要买卖双方不能达成满意的价格共识，就无法实现转让。为此，农场的林业主管部门应该为欲转让生态林的经营者提供权威可靠的林木资产评估信息，合理评估不同林龄林木的价值，为买卖双方提供可参考的转让价格，以促进林地经营权和林木所有权转让的成功，促进退耕还林成果的巩固。

6.2.2 将一定比例的政策性补贴用于林业服务

6.2.2.1 提出依据与作用

将一定比例的政策性补贴用于林业服务，是指从退耕还林的林业经营者可获得的除第一次种苗补贴外的两个周期的粮食和生活补贴中提取一定比例用于林业服务。由垦区生态林经营者计算总收益的方法可知，经营者只是将补贴看作了经营林业的额外收入，无论是对经营林业的动机，还是对巩固退耕还林成果的刺激

作用都比较小。故此建议基于退耕补贴在总收益中所占比例较小（表 5－3），经营者计算经营林业收益时既不关心补贴，也不关心补贴能获得的利息，同时非退耕地还林者虽然不享受国家两个周期的退耕还林补贴，但是仍然十分地热衷于经营林业而提出。现对该建议可产生的作用阐述如下：

一是可提高林业经营者的总体收益。将第一年的苗木补贴直接补给林业经营者以保证农户可获得经营林业的初始投资，而其余两周期的生活补贴和粮食补贴就不直接补给经营者，而是按一个合理的比例补给以盈利为目的林业服务公司，促进这些组织或个人为经营者提供木材价格和市场需求等信息以及盗伐监管服务和林木价值评估服务等，这样就会弥补经营者因信息不对称或经营林业的专业知识缺乏而引起的经营收益减少等损失。

二是能够提高补贴对退耕还林工作的总刺激程度。从经济学角度分析就是在预期林木在未来会具有较高价值的情况下，补贴给农户带来的满足程度就比较小或边际效用小，即每单位补贴能够为农户积极经营林业和为生态林保护所带来的推进作用就比较小，所以补贴对林业经营者的刺激的作用就十分有限。然而，将部分补贴按一定比例分配给林业服务公司后，相关的服务组织在收入的刺激下就可根据农户的需要为农户提供必要的服务。

6.2.2.2　适用条件

第一，此建议仅适用于退耕地还林面积较大的地域。因为非退耕地还林的经营者仅能在第一年获得苗木补贴，不能享受到国家退耕还林两个周期的生活补贴和粮食补贴，也就是调研时经营者所阐述的自费造林情况（见第二章的分析）。由于垦区地处平原，耕地面积大，在大面积的地块四周布满了网格状的生态林。按现代化大农业的标准，农田防护林面积要占农场农田面积的7%以上（半山区在 5%～7%），所以退耕地还林在垦区占有较大的面积，在退耕地上造林的承包者就会得到国家第一和第二周期的补贴。

第二，此建议仅适用于黑龙江垦区或其他垦区参考。因为在农村，退耕还林占用农户土地后就会影响农户的收入从而影响农户的基本生活，没有补贴就会极大地增加复垦的概率，所以退耕补贴对于农村地区的林业经营者来说是必需的。

在黑龙江垦区，退耕地还林后对原有土地经营者的影响较小，主要表现在：

一是垦区土地属于国有，土地被退耕还林后，即使没有两个周期的退耕还林补贴，经营林业的承包者也无法利用毁林而进行复垦，因为一旦复垦，土地就会被收回国有，复垦的农户就会既无林又无地；

二是对于土地被退耕还林后仍然由自己经营退耕地还林的农户（这部分农户才可获得两个周期的补贴）来说之所以能够选择继续留在原土地上经营林业就是因为这部分农户不必依靠林木补贴维持日常生活（见 6.3.1 分析），即经营退耕地还林是农户自己的选择。如果农户认为自己没有这个经济实力，就会放弃在原土地上经营林业了，而且，土地被占用后，农户如果仍然想从事种植业，那么就可以在上缴地使用费的前提下购买其他地块的经营权继续从事种植业，所以补贴减少对其生活影响也较小。

三是由于生态林对农田的保护以及退耕地又多以相对贫瘠的耕地为主，在减少了种植面积的条件下，反而使部分农户的收益增加。这一点在调研时农场的管理人员和农户都已经达成了共识，尤其认为生态林在防止水稻侧倒和防止风蚀土壤层方面作用显著，这在第一章的背景资料中也有所体现。

四是在日常生活不受影响的情况下，由于对林木未来收益有良好预期，所以减少的补贴与未来较高的林木价值相比，农户不会因为补贴的减少而减少对林木的管护和从事经营林业的积极性。

在分析了补贴对生态林经营者的激励作用有限，且经营者又对林木未来价格预期看好的条件下，就可以考虑利用经济杠杆来

鼓励农户参与林业经营和加强对已有生态林的管护。如前述分析的木材价格和果品价格，木材价格的上涨使生态林经营者对林木的估价上升，而果品价格的上涨使经济林经营者在较高的收益条件下不愿意转让其经营的果树林，无论是经营生态林，还是经营经济林，在有日常生活有保障的条件下，农户认为与经营种植业相比，经营林业是更好的选择。关于这一点，Enters 等（2003）指出当私人从经营人工林中获得的回报超过从土地的其他用途中获得的回报时，激励措施就不是必须的。在这种情况下，激励措施代表了对公共部门资源分配的不当，仅仅是使投资者获得了更高的回报；并进一步指出对于亚洲和太平洋地区的许多投资者来说，最有吸引力和诱惑力的刺激就是 1993—1994 年的全球木制品价格的飞涨，在很多国家引起了种植人工林高潮。这说明不一定要使用直接激励的方式，价格也是可以调整种植数量的，而且还很有效，当然价格需要被合理地预测，并且要为土地其他类似用途的投资提供产品的价格反馈。

6.2.3　积极发展退耕还林后续产业

这一点主要是基于退耕还林导致部分耕地被占用后，原拥有这些耕地的农户可经营的耕地面积就会减少，从而影响以种植业为主要生活来源农户的收入。虽然农户可以通过上交土地使用费而获得其他土地的经营权，但是农场耕地面积毕竟有限，不能满足所有农户对耕地的需求，所以发展退耕还林的后续产业不但可以使经营者进一步参与多样化经营，而且从后续产业中获得的收入还可以缓解一部分欲转让而又没有转让成功农户因经营着较大面积的林地而出现自己盗伐的现象。后续产业的发展，可以根据农场的实际情况，与国家对退耕还林后续产业的支持相结合，发展蔬菜大棚、食用菌、苗圃育苗和养殖业等。由于农场在 2008 年已经申请到了国家的退耕还林后续产业项目，所以还应对农户进行培训，让农户掌握新项目所要求的生产技能，这样才能保证退耕还林后续产业项目在农场的顺利实施，从而对退耕还林成果起到巩固作用。

上文从三方面分析了促进垦区生态林转让和继续巩固生态林现有成就的建议，下文就垦区在退耕还林，主要是还生态林建设方面的成功做法进行总结。

6.3 黑龙江垦区成功巩固退耕还林成果经验总结

由于农户的风险规避度是可变的，所以无法分析现在持有林地的经营者开始承包经营林业时的风险规避度以及当时的风险规避度对其选择经营林业的影响，因此就根据实际调研的信息，分析现在正在经营生态林的经营者为什么愿意经营林业且能够很好地经营林业的原因。虽然农户不关心经营林业的生态效益，但是林木能对农田起到保护作用这一点在农场的管理层已经达成了共识，该农场的退耕还林工作取得了良好的生态效益和经济效益。在对农场管理者进行访谈时，分局的主管领导和农场的领导从水库贮水到生态林对土壤层所起到的保护作用都进行了充分的肯定。实际上，友谊农场林业科最初在按国家政策开始推行退耕还林政策时就已经考虑到了经营者的经济实力和风险规避度会对其经营决策所能产生的影响。现依据前述（见第 4～5 章）的分析，对垦区成功巩固退耕还林成果的经验进行总结，希望能为农村巩固退耕还林成果政策的制定提供可能的参考借鉴。

6.3.1 经营者具有充分的自由选择权

农场主张凡是有“闲钱”的农户、个体经营者和农场职工均可选择经营林业。这一点是友谊农场乃至整个垦区退耕还林工作取得巨大成功的重要原因之一。采取这种做法的主要原因是刚刚实施退耕还林时（1999 年就开始试点），当时人们对承包经营林

业的认识程度不够，对退耕还林的预期收益缺乏正确的认识，人们表现出来的态度都是不愿意承包经营林业，而农场的林业主管部门并没有因为要完成国家的任务而采取硬性分配经营林业的承包任务，对于农户和其他经营者都给予了充分的自由选择权。正如 Enters 等（2003）所指出的：树木生长时间的长期性增加了人工林投资的不确定性和风险性，在树木没有到达收获年龄之前，投资者经常要经历从人工林投资中收回投资的困难。所以农场林业科是按照承包者的能力分配林地，对于没有承包种树能力的农户，林业主管部门就不建议其承包经营林业。农场林业科的工作人员在进行退耕还林宣传时就对农户阐明经营林地是不可能在短期内看到效益的，只能是期望在未来获得较大的收益，不能依靠经营林业维持日常收支。主要的做法是：

一是从事种植业的农户首先具有经营林业的选择权。已经从事了较大面积种植业活动的经营者，当部分相对贫瘠的土地被退耕还林后，一方面可直接由其本人继续承包这些退耕地从事林业经营；另一方面，如果其本人不愿意继续经营林业，在其本人允许的前提下再由其他人员承包经营林业。在调研时了解到，凡是在原有土地上选择继续经营林业的农户都对退耕还林表现出了极大的积极性。因为退耕还林后，相对贫瘠土地上林木的预期价值不但可超过经营种植业的收入，而且在树木的保护下，使原有土地的产量得到了极大提高。这些承包种地的林地经营者就主要依靠种植粮食等农作物的收入作为其日常收入的主要来源。

二是让有“闲钱”的个体经营者具有参与承包经营林业的权利。这些有闲钱的个体经营者最初就不是依靠从土地种植中获得收入来源的群体，或是在外打工或是从事商业活动或是从事畜牧业和水产养殖业等。这些选择承包经营林业的个体经营者在决定承包林地时，经营林业的投资在其家庭总资产中所占的比例一般都是比较小的。这样，这些个体经营者就会有比较充足的资金进行林业的经营活动。这里需要说明的是对于退耕地还林和部分荒

地还林来说，首先应由耕地的原经营者做出选择，只有在原经营者放弃承包经营林业的条件下，个体经营者才能拥有从事承包经营这些林地的权利。这样，个体经营者承包经营的林地主要是以非退耕地还生态林的土地为主，而承包这些非退耕地还只能获得苗木补贴，不能获得两个周期的退耕地还林补贴，所以不但树木成长过程中要有支出，而且还要承担自然灾害可能带来的损失等。

三是让当地有稳定收入的工作人员具有参与退耕还林地经营的权利。因为这部分经营者可利用工作收入维持正常的生活开支和子女教育等，经营林业的可能收入可作为“绿色存折”成为未来收益的来源。

也就是说当初承包经营林地的上述三种群体并不依靠从经营林地的收入获得维持生活、改善生活和支付子女受教育等费用，即不依靠林业收入来满足日常生活的需要。同时，用于林业的投资在其总资产中所占的比例相对较小，也就不会出现由于国家退耕还林补贴迟发、发放周期短或通货膨胀贬值对承包者的生活产生不利影响，所以在垦区没有经营者自己复垦和毁林现象的出现。正如Löunnstedt 和 Svensson（2000）所指出的：森林所有者的风险态度依赖于其经济状况的假说是被支持的。较少依赖从森林经营中获得收入的森林所有者强调间接经济因素风险具有较大程度的重要性，为此就会有对森林的投资决策；然而，更加依赖从森林经营中获得收入的森林所有者一般来说更加关注直接经济风险。

在调研中获知，现在只要有退耕还林地，就能很快被农户承包，但是林地面积有限，还有很多愿意承包林地的农户未有机会承包林地。

6.3.2 经营者可从事多元经营

林业经营者在承包经营林业的生产过程中可进行多种组合经

营，从而保证了在承包林业期间获得的收入能满足日常生活的需要。也就是说，生态林经营者没有将经营生态林的收益作为主要日常生活来源，而是将其作为多种经营方式中的一种。林业经营认为与其他经营方式相比，经营林业实际上是一种风险更低的投资方式。正如 Gong 和 Löfgren（2003）指出，森林投资对于分散经营风险可能是一种具有吸引力的替代投资。宽松地说，虽然风险资产的收益具有高度的不确定性，但无风险资产的收益率又非常低，那么风险规避者将会发现投资森林是积蓄财富的最好方式，并指出对于风险规避投资者来说，即使立木将来的价格是不确定的，投资森林的吸引力也可能会超过风险中性者，对于风险中性的投资者来说，林业投资的机会成本可能大于风险规避的投资者。

该农场的做法与国内一些学者的研究也具有一致性。严武（1992）以“某石油公司”钻井为例，通过直接给出避免风险型决策者的效用曲线、风险概率和收益值指标阐述了效用函数建立的一般过程以及如何利用效用函数进行风险决策。指出对于避免风险型投资者或经营者来说，在从事经营活动或投资活动时，尽可能考虑多角经营或分散投资，这样可以减少经营或投资风险。胡凤林与韩士专（2009）也是以“某石油公司”对某海域的开发为例，使用了与严武（1992）类似的研究方法，得出了类似的结论。指出避免风险型的决策者在进行风险程度高、货币损益值大的决策时最好进行协作，可以把总体风险分散。同时指出风险效用理论可以为商品经济竞争中出现的横向联合提供决策依据。这两位学者虽然是以石油公司为例对组合经营进行了阐述，但是其观点在林业经营中同样有参考价值。

6.3.3　林业管理部门服务规范

第一，树种选择合理。一是从生态林方面看，当地林业主管部门帮助经营者选择适应当地自然条件的树种。根据林业管理人

员的介绍[1]，农场的绝大多数农户和职工在当年都没有认识到承包种树以及承包经营什么林种在将来会给他们带来什么样的收益，但是现在对持有林木的估价已经让承包者认为当年承包经营林业是非常好的选择。当年承包的树种都是由林业主管部门根据土地类型、树木应执行的功能以及树种在当地的适应性等条件规定农户按标准进行种植的。二是从经济林方面看，林业主管部门不但为适宜经营果树的土地选择了合适的果树品种，而且对果品的未来市场价值也具有正确的预期。在第三章的比较中可知经济林经营者选择了更高的确定性等价，在风险规避系数上明显体现出了低风险规避度的特点，这就更说明退耕还林种植经济林可使农户获得持久的高效益。2012 年秋季当地主栽 123 果的市场价格根据不同的质量，价格在 3～4 元/千克不等，平均批发均价也高于按 5 元/千克最高价计算的价格（第三章使用的价格）。123 果果品风味独特，且只有在北方的气候条件才能适宜其生长，南方的气候条件无法使该品种的果树结果，从而对该水果的需求量较大。同时，在该农场经济林经营者还栽植了农场林业管理部门推荐的香水梨等果树。近几年，经济林经营者获得的持续高收益以及果品价格稳中见长的趋势都使农户十分珍惜获得的果树林经营权。所以，立木未来价格和果品价格上涨的趋势让经营者在保护农田生态的同时，也从土地获得了比经营种植业（主要是粮食）更好的经济收益。

第二，防盗措施得当。在调研中获知，除农场林业主管部门认真帮助农户管理林木外，主管部门还采取了一种非常有效的农户管理林木的办法。在每个分场（每个分场均设有林业站）都安

[1] 在林业部门工作时间较长的管理人员表示，当时大多数的管理人员自身对承包经营林业的未来收益都缺乏合理的估计，只当成是对国家下达退耕还林任务的完成，因此大多数的管理人员或者是没有参与承包经营林地，或者是仅经营了较少面积的林地。

排了“线人”。当线人发现有人使用四轮等交通工具，并装载刀具等特殊工具时就会“盯梢”，然后报告林业主管部门。林业主管部门一方面可及时制止砍伐者；另一方面也可根据盗伐者砍伐树木的年龄和数量进行罚款，且将被收缴的树木送到农场的木材加工厂。罚款中一部分要给“线人”付劳务费，同时林木所有者的损失也可以从罚款中得到补偿。最关键的是通过罚款获得的补偿额与树木成材后的期望收入相当，甚至超过皆伐时的预期收益，即林业主管部门和“线人”对林木所起到的保护作用而获得罚款收入使生态林经营者可以提前获得林木成材的报酬，所以生态林经营者根本不担心经营的林木被砍树。

这样林业管理部门的规范服务使农户十分愿意与林业主管部门三七分成。因为无论是林种的选择，还是正规的管护工作，完全由农户自己来完成都是十分困难的。林业管理部门虽然分走了林业经营者预期林木收益的三成，但是其规范的服务也为农户解决了许多的后顾之忧，有效地提高了林木的保存率，最终主要维护的还是林地经营者的利益。同时，虽然林业主管部门本身就肩负林木管护的职责，但是因能参与未来林木收入的分成，对其管护当然也是一种动力。

6.3.4　持续的退耕还林补贴使非随机收益增加

通过对黑龙江垦区友谊农场承包经营生态林经营期末年收益终值的计算可知，在考虑资金时间价值的条件下，补贴终值在全部的终值收益中所占比例非常小（在调研室获知农户在对补贴价值进行衡量时根本就没有考虑复利情况下的时间价值，所以补贴给农户带来的效用就会更小）。第 1 年苗木补贴终值、第 8 年补贴终值、第 16 年补贴终值与 1 公顷立木分成材积的终值收益如图 6－3 所示。实际上，在所有可能的经营期间，只有在经营期（林龄）为 8～11 年期间（第Ⅱ阶段）补贴收益终值占经营期末总收益的比例较大（26.56%～26.71%），其余都处于 4.32%～

13.79%（见表5-3的计算）。同时，由表5-3和图6-1中也可以看出分成后的立木材积收益是经营期末总收益的主要构成部分。

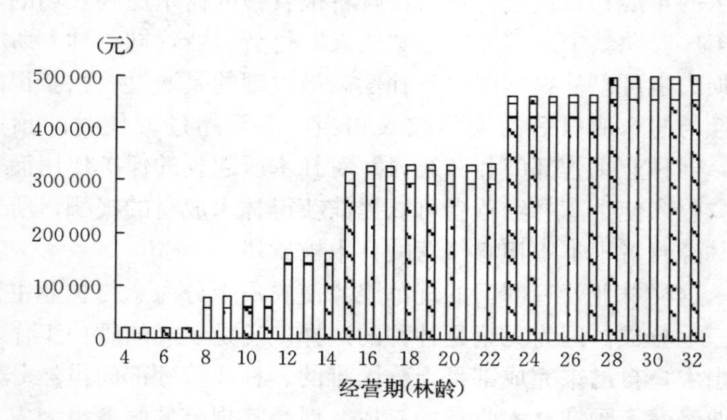

图6-1　生态林各经营期末总收益构成

在这里还需要补充的是生态林经营者在计算经营生态林的收益时并没有将补贴的利息收益计算在总收益之中。表5-3虽然按复利计算了三次补贴的利息收益，并与立木材积收益加总计算了年收益，但是仍与经营者估算的年均收益有差距。一方面是由于我国银行系统都是按照单利计息，所以农户觉得补贴的收益较少而没有计入收益的必要；另一方面与林木收益相比，经营者根本就不关心补贴收益，所以就更不会关心补贴的利息了。即使是这样，经营者估算的年均收益还高于等额年金法估算的年收益，为此可以推算出经营者对其持有的林木给予了较高的收益估计。

虽然退耕还林补贴在促进农户承包经营生态林或其他林种时所起作用有限，未来的林木转让收益或立木材积收益才是农户积极承包生态林的根本动因，但是作为经营林业的附加收益对农户来说也是一种对经营林业的吸引。国家对退耕还林已经开始了第

二周期的补贴，第二周期对退耕地还生态林补贴的周期仍是8年，这对于生态林经营者来说会使其经营林地的收益在没有预期的情况获得了增加，对其更好地经营林木起到了极大的促进作用。

可见退耕还林补贴不是农户积极承包生态林的主要动因。在第四章已经分析过在垦区承包经营林业的经营者既然不依靠林地来维持日常生活，当然也不需要依靠补贴来维持生活。虽然所有数据只涉及对黑龙江垦区红兴隆分局友谊农场的分析，但是在调研中获知其他的农场和分局也存在类似的情况。

退耕还林补贴通过降低经营者的风险规避度，在较高的预期收益基础上又进一步促进了经营者经营林业的积极性。凡是承包造林的农户就可以获得苗木补贴（或免费的苗木供应），经营退耕地还林的农户还可以获得粮食补贴和与管护挂钩的生活补贴。退耕还林补贴这种非随机收入的增加，又进一步促进了经营者经营林业的积极性。在前面的分析中已经阐述因补贴收入在总收入中的比例小，所以并不是经营者积极从事林业经营的根本动力，但是只要达到国家验收林木的标准就可以获得补贴收入，这是一种以经营林业为前提的确定性收入，对经营林业的农户来说属于“锦上添花”。

6.3.5　林地使用权和林木所有权明确

一是保持原土地经营者的经营权，极大地减少了农户因争林而引起的纠纷。主要体现在该场对荒山和荒地还林的做法上。在退耕还林的初期，由于农户和林业管理人员并没有认识到承包经营林业所蕴含的丰厚收益，采用的是积极动员农户承包林业。这就涉及部分农户自己在并不适用耕种的土地上开垦的荒地要进行退耕还林，农场的做法是征求开垦荒地农户的意见，如果农户自身愿意将荒地还林，则此块荒地就归农户承包经营林业，只有农户本身表示不愿意承包经营林业时，才可由其他愿意经营的人承包经营。这样农户都是在自愿的情况下选择经营林业，也是在自愿的情况下放弃经营林业。在调研时也了解到有很多农户不但因为当年放弃承包林地而后悔，而且更多的农户和林业管理人员也感慨在当年没有认识上去而承包经营林地。

二是土地的使用年限和林木所有权的确定决定了经营者从事林业的信心。Enters 等（2003）指出政策的持续性是一个关键问题，频繁的政策变化会导致风险的增加，并且为投资者提供了不安全的气候，特别是对于投资期限长的人工林投资。在农场，耕地四周都是网格状的农田防护林，土地环境适合杨树等生态林树种的生长；在荒山上则是落叶松等混交林以及适合种植果树、梨树的经济林。这些林木的所有权在合同规定的年限内归经营者所有，验收合格的经营者可取得林权证，只是农户不可以对林木进行自由处理，成才的立木要获得砍伐许可；承包经济林农户拥有对果品的销售权等；林地的经营年限一般都为 30 年。上述这些权利由拟发放的林权证做保证，农户对长期持有林地的经营权没有了后顾之忧。

在农村，当退耕还林地占用了农田时，在第一周期补贴即将结束，第二周期还未开始时，就出现了复垦现象，这主要是由于农村土地承包年限较长，复垦后的土地仍然归承包农户所有，所以即使是还林的农田，也有部分被农户砍伐，然后种植粮食等农作物，使农田得不到生态林很好的防护。而垦区的土地政策则不同于农村，垦区的土地每年都重新分配，经营土地者每年都按要求上交土地使用费。如果将林地复垦，就意味着要上交高额的土地使用费，而且农场有权在下一年将该地重新转让与他人经营种植业或林业，所以在农场或垦区，凡是承包到林地的农户，一旦种植上了树木，其目标就是一定风险条件的林木收益的最大化，而为使林木收益最大化，经营者就必须努力经营林地。在调研时有农户说：“种林就是相当于不花钱占地。”

6.4　研究不足与展望

6.4.1　研究不足

（1）为了测试林业经营者的风险规避度，依据生态林经营者、经济林经营者和管理者提供的方法计算了确定性等价，因此不能排除仅依据生态林和经济林经营者经验获取确定性等价的科学性不足问题。

（2）在估算确定性等价和最大收益时，因经济林经营者不考虑国家退耕还林三种补贴的时间价值，只是根据历史收益估算了30年期间林果或林木的年收益，所以在计算林果和林木年收益时也就没有计算资金的时间价值。

（3）由于垦区农场的生态林经营者主要关心经营林业的未来收益，所以本研究只是从立木收益和补贴收益角度分析了风险条件下生态林经营者的决策意愿，并没有从生态林的生态功能角度研究风险条件下经营者的意愿。

（4）在依据效用分析林木意愿转让年限时，只是依据与风险规避度相关的效用值进行了分析，没有分析因当年或近几年急需资金而欲将立木转让的情况。

（5）在计算退耕还林补贴终值和等额年金收益时，仅考虑了既定利率对经营者决策的影响，没有对利率变化的敏感性进行分析，这也是今后要继续研究的一个内容。

（6）在依据效用值进行生态林经营者经营决策分析时仅对近年当地人工生态林造林的主要树种杨树的收益进行了测算，因柞树、山杨、黑桦、椴树、樟子松以及胡桃楸等十几种树种所占生态林造林比例较小，所以未对经营这些树种的经营者的决策进行分析。

6.4.2　研究展望

从研究方法看，一是在利用等额年金收入计算效用值时，只是使用了2%的利率进行了收益值的计算，在以后的研究中拟对利率变化的敏感性进行分析，分析利率变化对效用值的影响，进而分析风险规避度不同的经营者对皆伐或转让年限可能采取的决策。二是由于本研究只是利用效用函数进行了主体风险偏好的研究，以后在数据条件能够满足的情况下，准备尝试使用生产风险函数进行主体风险偏好的研究。因后者是根据实际生产资料数据从生产者投入和产出角度分析生产者的风险偏好，因此对数据资料的准确性和翔实性要求较高。

从研究内容看，在第三章根据农户提供的方法设计的确定性等价中，生态林和经济林经营者的收益都超过或等于经营种植业的收益，所以考虑到经营林业已经享有了免费使用土地的优惠，那么补贴是否会导致公共资源分配不公平是以后要研究的方向。

附　　录

附录 1　管理人员问卷

生态林经营者风险规避度研究

调查问卷（1）——黑龙江垦区友谊农场农业与林业管理人员问卷

一、基本信息

调查对象所在地：________分局________农场________分场

职务：______________

A. 分局林业（处、科）长

B. 农场副场长

C. 农场林业科（科长、科员）

D. 分场林业站站长

二、林地经营相关问题

1. 在林地上间作大豆，1 公顷能有 ________纯收入，计算依据________________________________普通耕地种植大豆，1 公顷能有 ________纯收入。

2. 关于经营林地的补贴

退耕还林第一期（生态林 8 年；经济林 5 年）：林地苗木补贴（即一次性苗木补贴）标准____________元/亩；与管护挂钩

的生活现金补助标准[①] ________元/亩；粮食补助标准 ________ ________元/亩；

退耕还林第二期（生态林续 8 年、经济林续 5 年）：与管护挂钩的生活现金补助标准[②] ________________元/亩；粮食补助标准________________元/亩。

三、种植业相关问题

1. 近年水稻情况：

熟地：

年均土地使用费（租金）约（①井水地） ________________元/公顷，年均土地使用费约（②非井水地） ________________元/公顷；

年均纯收益约：①全雇人完成________元/公顷，②自己完成________________元/公顷。

生地：

年均土地使用费（租金）约________________元/公顷；

年均纯收益约：①全雇人完成） ________________元/公顷，

① 根据财农［2002］156 号《退耕还林工程现金补助资金管理办法》的规定可知全国各地均为 20 元/亩同一标准。其中："第二条 现金补助是指中央财政安排的用于退耕农户退耕后维持医疗、教育、日常生活等必要开支的专项补助资金。""第三条 现金补助标准为每亩退耕地每年补助 20 元。现金补助年限，还生态林补助 8 年，还经济林补助 5 年，还草补助 2 年。1999—2001 年还草补助年限按国务院批准的有关政策执行。"

② 国务院《关于完善退耕还林政策的通知》规定，现行退耕还林补助政策期满后，中央财政将继续对退耕农户直接补贴，长江流域及南方地区每亩退耕地每年补助现金 105 元，黄河流域及北方地区每亩退耕地每年补助现金 70 元。原来每亩退耕地每年 20 元生活补助费，继续直接补助给退耕农户，但要与管护责任挂钩。通知规定退耕还林延长周期为生态林 8 年、经济林 5 年、草 2 年。此外，中央还建立了巩固退耕还林成果专项资金。在这里需要说明的是，在印制问卷时并没有①与②的说明，列出供参考。

②自己完成________元/公顷。

2. 近年玉米情况：

年均土地使用费约：①按农场价格提供：________________元/公顷，②按连队价格提供（含起垄费等）：________________元/公顷；年均纯收益约______________元/公顷。

3. 近年黄豆情况：

年均土地使用费约：①按农场价格提供：________________元/公顷，②按连队价格提供（含起垄费等）：______________元/公顷；年均纯收益约______________元/公顷。

4. 已经从事了林业经营的农户，还有可能获得的收入来源有______________

A. 承包种地　B. 打工　C. 农场或连队工作　D. 经营苗圃

E. 蔬菜大棚　F. 养殖业　G. 其他________

附录 2　林业经营者问卷

生态林经营者风险规避度研究

分类标志________（不填）

调查问卷（2）——黑龙江省友谊农场林业经营者问卷

调查对象所在地：________分场（乡）________________连队

小班卡号____

（有几个填几个；也可直接填姓名）

一、人工林经营者一般经营信息

1. 您承包的林子有______________公顷（或亩）；开始承包的时间______________年；

树种是：__________________树；选择依据____________（A. 当地林业管理部门规定　B. 自己随意）；

林种是：__________________林（A. 生态林　B. 经济林）；选择依据______________（A. 当地林业管理部门规定　B. 自己随意）；

土地类型属于：________地（A. 退耕地　B. 荒山　C. 荒地）。

2. 间作时间__________年；间作作物名称__________；

在符合国家规定的林地间作前提条件下，在可能的间作年限中，林间间作收益能否收回林木未砍伐前的全部经营成本____________（A. 能　B. 否）。

3. 经营生态林或经济林是________

A. 自己选择的林种

B. 当地林业管理部门规定

二、人工林经营者风险偏好相关问题

1. 您认为承包经营林地和承包经营种植业相比，你更愿意________

A. 承包经营林地　　B. 承包经营种植业

2. 问题：假设有1公顷土地可分给你承包种树30年（林种和树种可随意选择），并假设经营林地有一半的可能性获得最大的年均纯收入为53150元，有一半的可能性获得最小的年均纯收入2700元，问：有人出到多少钱（确定性收入，单位：元），你才能把土地转让他人经营？请从下列选项中选择1项，并将代表收益的字母填入括号中。

A. 51 050～53 150　B. 48 950　C. 46 500～46 850

D. 44 400～44 750　E. 42 300～42 650　F. 40 200

G. 36 000～38 100　H. 18 580　I. 17 483～17 536　J. 16 511

K. 7 600～10 000　L. 4 000～4 500　M. 2 700～4 000

3. 除了承包经营林业之外，你还有的收入来源是________

A. 承包种地　B. 外出打工　C. 农场或连队的固定工作　D. 经营苗圃　E. 蔬菜大棚　F. 养殖业　G. 其他________　H. 无其他任何收入

4. 经营生态林在长期才会有收益，那你主要依靠什么维持日常生活或为子女负担一些教育费用等？

A. 承包种地　B. 外出打工　C. 农场或连队工作　D. 经营苗圃　E. 蔬菜大棚　F. 养殖业　G. 国家退耕还林补贴

H. 其他________

5. 对于你现在经营的生态林，你是否愿意转让？

A. 不转让，不急用钱　B. 想转让，但是没人买　C. 想转让，有人想买，但出价不理想

附录 3　2007 年友谊农场退耕还林复查汇总表

2000—2006 年度退耕地还林地块落实情况表

——友谊农场 2002 年度造林

序号	单位	村屯	农户姓名	地块 GPS 定点（1 个定位点）	省下达退耕还林计划（亩）	退耕地还林保存合格面积（亩）	成活株数保存率（%）	退耕地还林保存合格率（%）
1	一分场	4	—	688690/5179074	85	85	89	100
2	一分场	4	—	688743/5179837	253	253	86	100
3	一分场	4	—	688690/5178475	169	169	91	100
4	一分场	5	—	688771/5181874	276	276	90	100
5	一分场	4	—	688787/5177188	253	253	90	100
6	三分场	5	—	698563/5170003	63	63	95	100
7	三分场	6	—	704561/5174811	6	6	90	100
8	三分场	6	—	705482/5170383	19	19	86	100
9	三分场	5	—	698961/5175851	67	67	88	100
10	林业公司	1	—	710899/518634	240	240	85	100
11	林业公司	1	—	707021/5172256	285	285	86	100
12	林业公司	1	—	712635/5185711	75	75	87	100
13	林场	1	—	689620/5174865	95	95	88	100
14	林场	2	—	691073/5174406	100	100	87	100
15	林场	9	—	694133/5170920	15	15	89	100
16	林场	9	—	694762/5171354	65	65	86	100
17	林场	13	—	691107/5170342	70	70	90	100
18	林场	14	—	691345/516908	30	30	88	100
19	林场	14	—	691413/5168659	33	33	92	100
20	林场	14	—	691530/5168467	18	18	95	100
21	林场	14	—	692119/5168162	60	60	86	100

（续）

序号	单位	村屯	农户姓名	地块 GPS 定点（1 个定位点）	省下达退耕还林计划（亩）	退耕地还林保存合格面积（亩）	成活株数保存率（%）	退耕地还林保存合格率（%）
22	林场	18	—	690882/5168086	18	18	85	100
23	林场	19	—	691623/5168233	30	30	86	100
24	林场	19	—	692159/5168126	144	144	87	100
25	林场	19	—	693477/5168199	23	23	88	100
26	林场	20	—	694746/5166478	12	12	91	100
27	林场	22	—	700400/5169663	35	35	85	100
28	林场	23	—	692913/5166328	24	24	86	100
29	林场	23	—	694588/5166040	65	65	87	100
30	林场	24	—	695081/5165199	23	23	85	100
31	林场	27	—	697451/5166947	30	30	87	100
32	林场	27	—	698293/5167082	20	20	85	100
33	林场	29	—	694400/5164761	13	13	85	100
34	林场	32	—	699569/5164539	53	53	86	100
35	林场	33	—	694570/5163127	30	30	87	100
36	公司	41	—	697472/5158685	41	41	85	100
37	林场	42	—	697576/5159399	30	30	96	100
38	林场	14	—	691046/5167760	87	87	95	100
39	林场	16	—	695536/5168420	45	45	95	100
均值	—	—	—	—	—	—	88.33	—

单位负责人：　　　　　　主管负责人：　　　　　　填表人：

填表日期：2007 年 11 月 15 日　　　公　章：友谊农场林业科

注：①表中的地类均为退耕地；林种均为生态林；树种主要为人工杨树；营造方式均为人工造林。②列表时将原统计表中的户名删除。③依据本研究对生态林经营者的界定，表中的“林业公司”和“公司”均未填写林业经营者问卷。

资料来源：黑龙江省红兴隆管局林业处编．2007 年各农场退耕还林复查汇总表（2000—2006 年度退耕地还林地块落实情况表——友谊农场 2002 年度），2007 年 11 月。

附录4　2011年度退耕还林工程退耕还林阶段验收小班调查表

2011年度退耕还林工程退耕地还林阶段验收小班调查表

省:黑龙江　县:红兴隆农垦分局　乡:友谊农场　地区类别:七星河流域　兑现流域类型:2

单位:亩,元

样本序号	村、林班	原小班号	图幅号	坡度级	计划年度	作业年度	林地权属	林木权属	原兑现林种	全面验收核实林种	重点核查验收核实林种	树种	植被配置类型	上报面积	保存合格面积
1	2	1	L-52-48-B	I	2003	2003	国有	个体	生态林	生态林	生态林	针阔	生态林	72	72
2	2	2	L-52-48-B	I	2003	2003	国有	个体	生态林	生态林	生态林	樟子松	生态林	69	69
3	2	3	L-52-48-B	I	2003	2003	国有	个体	生态林	生态林	生态林	人杨	生态林	42	42
4	3	4	L-52-48-B	I	2003	2003	国有	个体	生态林	生态林	生态林	人杨	生态林	68	68
5	3	5	L-52-48-B	I	2003	2003	国有	个体	生态林	生态林	生态林	人杨	生态林	37	37
6	3	6	L-52-48-B	I	2003	2003	国有	个体	生态林	生态林	生态林	人杨	生态林	36	36
7	4	7	L-52-48-B	I	2003	2003	国有	个体	生态林	生态林	生态林	针阔	生态林	247	247
8	5	8	12-52-47-丁	I	2003	2003	国有	个体	生态林	生态林	生态林	人落	生态林	105	105
9	5	9	12-52-47-丁	I	2003	2003	国有	个体	生态林	生态林	生态林	针混	生态林	132	132
10	5	10	12-52-47-丁	I	2003	2003	国有	个体	生态林	生态林	生态林	针混	生态林	103	103

（续）

样本序号	村、林班	原小班号	图幅号	坡度级	计划年度	作业年度	林地权属	林木权属	原兑现林种	全面验收核实林种	重点核查验收核实林种	树种	植被配置类型	上报面积	保存合格面积
11	5	11	12－52－47－丁	Ⅰ	2003	2003	国有	个体	生态林	生态林	生态林	针混	生态林	151	151
12	7	12	L－52－54－B	Ⅰ	2003	2003	国有	个体	生态林	生态林	生态林	人杨	生态林	185	185
13	7	13	L－52－54－B	Ⅰ	2003	2003	国有	个体	生态林	生态林	生态林	人杨	生态林	228	228
14	7	14	L－52－54－B	Ⅰ	2003	2003	国有	个体	生态林	生态林	生态林	人杨	生态林	82	82
15	7	15	L－52－54－B	Ⅰ	2003	2003	国有	个体	生态林	生态林	生态林	人杨	生态林	261	261
16	8	17	L－52－60－A	Ⅰ	2003	2003	国有	个体	生态林	生态林	生态林	人杨	生态林	256	256
17	8	18	L－52－60－A	Ⅰ	2003	2003	国有	个体	生态林	生态林	生态林	人杨	生态林	138	138
18	8	19	L－52－60－A	Ⅰ	2003	2003	国有	个体	生态林	生态林	生态林	人杨	生态林	64	64
19	10	21	L－52－60－A	Ⅰ	2003	2003	国有	个体	生态林	生态林	生态林	人杨	生态林	182	182
20	11	22	L－52－48－B	Ⅰ	2003	2003	国有	个体	生态林	生态林	生态林	针阔	生态林	186	186
21	14	24	L－52－48－B	Ⅰ	2003	2003	国有	个体	生态林	生态林	生态林	人杨	生态林	23	23
22	19	52	12－52－47－丁	Ⅰ	2003	2003	国有	个体	生态林	生态林	生态林	人落	生态林	117	117
23	5	53	12－52－47－丁	Ⅰ	2003	2003	国有	个体	生态林	生态林	生态林	人落	生态林	64	64
24	5	54	12－52－47－丁	Ⅰ	2003	2003	国有	个体	生态林	生态林	生态林	人落	生态林	153	153

（续）

样本序号	村、林班	原小班号	图幅号	坡度级	计划年度	作业年度	林地权属	林木权属	原兑现林种	全面验收核实林种	重点核查验收核实林种	树种	植被配置类型	上报面积	保存合格面积
25	4	55	12－52－47－丁	I	2003	2003	国有	个体	生态林	生态林	生态林	人杨	生态林	10	10
26	4	56	12－52－47－丁	I	2003	2003	国有	个体	生态林	生态林	生态林	人杨	生态林	15	15
27	8	57	L－52－60－A	I	2003	2003	国有	个体	生态林	生态林	生态林	人杨	生态林	69	69
28	10	59	L－52－60－A	I	2003	2003	国有	个体	生态林	生态林	生态林	人杨	生态林	67	67
29	6	60	L－52－48－B	I	2003	2003	国有	个体	生态林	生态林	生态林	人杨	生态林	12	12
30	6	61	L－52－48－B	I	2003	2003	国有	个体	生态林	生态林	生态林	人杨	生态林	31	31
31	6	62	L－52－48－B	I	2003	2003	国有	个体	生态林	生态林	生态林	人杨	生态林	8	8
32	5	63	12－52－47－丁	I	2003	2003	国有	集体	生态林	生态林	生态林	人杨	生态林	13	13
省略33～51															
52	6	445	L－52－60－A	I	2003	2003	国有	国有	生态林	生态林	生态林	人杨	生态林	21	21
53	6	446	L－52－60－A	I	2003	2003	国有	国有	生态林	生态林	生态林	人杨	生态林	15	15

（续）

样本序号	村、林班	原小班号	图幅号	坡度级	计划年度	作业年度	林地权属	林木权属	原兑现林种	全面验收核实林种	重点核查验收核实林种	树种	植被配置类型	上报面积	保存合格面积
省略 54－176															
177	32	27	L－52－59－D	I	2003	2003	国有	个体	生态林	生态林	生态林	人杨	生态林	30	30
178	18	28	L－52－59－D	I	2003	2003	国有	个体	生态林	生态林	生态林	人杨	生态林	94	94
179	19	29	L－52－60－A	I	2003	2003	国有	个体	生态林	生态林	生态林	人杨	生态林	150	150
180	14	30	L－52－59－D	I	2003	2003	国有	个体	生态林	生态林	生态林	人杨	生态林	39	39
181	39	31	L－52－60－A	I	2003	2003	国有	个体	生态林	生态林	生态林	人杨	生态林	76	76
182	32	39	L－52－60－A	I	2003	2003	国有	个体	生态林	生态林	生态林	落叶松	生态林	4	4
183	33	43	L－52－60－A	I	2003	2003	国有	个体	生态林	生态林	生态林	落叶松	生态林	8	8
184	35	44	L－52－60－A	I	2003	2003	国有	个体	生态林	生态林	生态林	落叶松	生态林	9	9
185	38	46	L－52－59－D	I	2003	2003	国有	个体	生态林	生态林	生态林	落叶松	生态林	37	37
186	9	456	L－52－48－A	I	2003	2003	国有	个体	生态林	生态林	生态林	人杨	生态林	7	7

注：①表中共有样本数 186 个，其中林木权属为的集体样本为 1 个、林木权属为国有的样本为 2 个，其余的 183 个样本为调研对象的来源；②在小班卡的输出的地块属性信息中有农户的姓名，未列入本表；③因数据量较大，故将集体和国有之间的部分数据省略；④“林木权属”有“国有”和“个体”两种，实际上在调研中获知表中的“个体”包括农户个人、农户家庭、农场职工和干部以及个体工商户。

资料来源：黑龙江省红兴隆管理局林业处编．2011 年度退耕还林工程退耕地还林检查验收统计表—小班调查表——友谊农场 2003 年度，2011 年 5 月 5 日。

附录 5　2002—2003 年造林的生态林经营者基本信息统计

友谊农场 2002—2003 年生态林经营者户数及承包经营面积

分类标准（亩）	2002 年				2003 年				2002—2003 年承包经营者比例（%）
	农户数量（户）	比例（%）	承包面积（亩）	比例（%）	农户数量（户）	比例（%）	承包面积（亩）	比例（%）	
0～14	2	5.71	19	0.66	54	29.51	521	5.40	25.69
15～30	12	34.29	292	10.09	62	33.88	1266	13.12	33.94
小计	14	40.00	311	10.75	116	63.39	1787	18.52	59.63
31～60	4	11.43	191	6.60	19	10.38	776	8.04	10.55
61～90	8	22.86	577	19.94	17	9.29	1187	12.30	11.47
91～120	2	5.71	195	6.74	6	3.28	647	6.70	3.67
121～150	1	2.86	144	4.98	7	3.83	934	9.68	3.67
151～180	1	2.86	169	5.84	4	2.19	645	6.68	2.29
181～210	0	0.00	0	0.00	7	3.83	1322	13.70	3.21
211～240	1	2.86	240	8.29	1	0.55	228	2.36	0.92
241 以上	4	11.43	1067	36.87	6	3.28	2125	22.02	4.59
小计	21	60.00	2853	89.25	67	36.61	7864	81.48	40.37
合计	35	100	2894	100	183	100	9651	100	100

注：①根据附表 4 中的原始数据进行统计。②“承包面积（亩）”均为验收保存合格面积，且均为黑龙江省下达退耕地还林计划面积；退耕还林政策划分的流域为黄河流域。③2002 年原始统计表中生态林总规模为 3 000 亩，由 39 户承包，扣除 4 个公司（18＋12＋35＋41＝106 亩）后为 35 户，承包总面积为 2894 亩。④2003 年原始统计表中生态林总规模为 9700 亩，由 186 户承包，扣除 1 个集体（13 亩）和 2 个国有（21＋15＝36 亩）后为 183 个户，承包总面积为 9651 亩。

资料来源：①2002 年数据来源于黑龙江省红兴隆管局林业处编：2007 年各农场退耕还林复查汇总表（2000—2006 年度退耕地还林地块落实情况表——友谊农场 2002 年度），2007 年 11 月；②2003 年统计资料来源于黑龙江省红兴隆管理局林业处编：2011 年度退耕还林工程退耕地还林检查验收统计表——小班调查表——友谊农场 2003 年度，2011 年 5 月。

附录 6　1980 年杨树小班卡基本信息

1980 年造林（人工杨树杨）基本信息（部分）统计表

小班数	关键值	树种	造林年度	平均林龄	株数_详细	径阶_因子	平均树高
1	2002_1	人杨	1980	32	75	18	10
2	2002_6	人杨	1980	32	31	34	14
3	2002_8	人杨	1980	32	48	22	15
4	2002_33	人杨	1980	32	23	36	14
5	2002_38	人杨	1980	32	60	22	14
6	2003_2	人杨	1980	32	38	24	15
7	2003_34	人杨	1980	32	12	32	13
8	1001_7	人杨	1980	32	44	24	14
9	1001_8	人杨	1980	32	41	24	14
10	1001_9	人杨	1980	32	40	24	14
11	1002_15	人杨	1980	32	20	24	14
12	1002_26	人杨	1980	32	23	24	14
13	1002_35	人杨	1980	32	35	24	14
14	1003_4	人杨	1980	32	36	24	14
15	1004_34	人杨	1980	32	38	20	14
16	1004_39	人杨	1980	32	40	22	14
17	1004_40	人杨	1980	32	38	26	15
18	1004_57	人杨	1980	32	38	22	14
19	2006_1	人杨	1980	32	60	22	15

（续）

小班数	关键值	树种	造林年度	平均林龄	株数_详细	径阶_因子	平均树高
20	2006_28	人杨	1980	32	46	20	15
21	2008_6	人杨	1980	32	51	36	16
22	2009_9	人杨	1980	32	32	18	14
23	1012_3	人杨	1980	32	39	24	14
24	1012_6	人杨	1980	32	44	24	14
25	1012_7	人杨	1980	32	40	24	14
26	1012_8	人杨	1980	32	38	24	14
27	3003_28	人杨	1980	32	19	26	14
28	3003_44	人杨	1980	32	37	24	14
29	3003_59	人杨	1980	32	45	24	14
30	3003_60	人杨	1980	32	51	24	14
31	4002_48	人杨	1980	32	81	28	18
32	4005_33	人杨	1980	32	47	26	18
33	4006_24	人杨	1980	32	23	32	18
34	4008_15	人杨	1980	32	42	30	17
35	5010_27	人杨	1980	32	58	28	18
36	5010_40	人杨	1980	32	63	26	18
省略 2367 个小班数据							

注：调研时共获得 6 000 个小班数据，仅利用 1980—2008 年造林人工杨树的 2 403 个数据计算了立木材积，没有计算其他人工林树种的材积量。因数据占用篇幅多，所以表中仅列出了 1980 年数据中的部分数据（36 个小班的数据）。

附录 7　2009 年杨树小班卡基本信息

2009 年造林（人工杨树杨）基本信息统计

小班数	关键值	树种	造林年度	平均林龄	径阶_因子	株数_详细	平均树高
1	1003_1001	人杨	2009	3	4	67	2
2	1008_22	人杨	2009	3	6	68	3
3	3003_27	人杨	2009	3	4	69	3
4	3003_54	人杨	2009	3	4	59	3
5	3003_56	人杨	2009	3	4	63	3
6	3003_58	人杨	2009	3	4	67	3
7	2005_7	人杨	2009	3	4	100	5
8	2007_6	人杨	2009	3	4	125	4
9	3006_67	人杨	2009	3	6	69	3
10	3008_25	人杨	2009	3	4	70	2
11	4001_45	人杨	2009	3	4	168	4
12	4001_51	人杨	2009	3	4	158	3
13	4002_41	人杨	2009	3	6	42	5
14	4002_42	人杨	2009	3	6	32	5
15	4005_30	人杨	2009	3	6	50	5
16	9005_27	人杨	2009	3	4	162	3
17	9005_29	人杨	2009	3	4	162	2.5
18	9005_44	人杨	2009	3	4	186	4
19	9005_1016	人杨	2009	3	4	210	3
20	9006_33	人杨	2009	3	4	192	5
21	9006_42	人杨	2009	3	4	198	4
22	9006_43	人杨	2009	3	4	214	4

注：此表中数据为获得的 2009 年造林的人工杨树的全部小班数据，径阶因子的范围为 4～6 厘米，22 个小班的平均径阶因子为 4.45 厘米，小于 5 厘米，故未对 2009 年造林的人工杨树进行立木材积的测算。

附录8　1993年与1999年杨树小班卡基本信息

1993年造林（人工杨树杨）基本信息统计

小班数	关键值	树种	造林年度	平均林龄	径阶_因子	株数_详细	平均树高
1	2003_23	人杨	1993	19	12	23	12
2	2009_54	人杨	1993	19	18	74	14
3	4001_17	人杨	1993	19	22	48	16
4	4006_36	人杨	1993	19	26	28	18
5	6007_10	人杨	1993	19	26	11	16
6	4004_49	人杨	1993	19	22	39	16
7	4004_51	人杨	1993	19	24	34	16
8	4004_53	人杨	1993	19	20	36	16
9	4004_54	人杨	1993	19	26	46	17
10	4004_55	人杨	1993	19	22	47	16
11	4004_56	人杨	1993	19	28	32	17
12	4004_15	人杨	1993	19	22	30	15
13	6009_1001	人杨	1993	19	20	28	16
14	9007_32	人杨	1993	19	20	16	16

注：此表中数据为获得的1993年造林的人工杨树的全部小班数据，径阶因子的范围为12～28厘米，14个小班的平均径阶因子为22厘米；树高的范围为12～18厘米，14个小班的平均树高为15.79厘米。

1999年造林（人工杨树杨）基本信息统计

小班数	关键值	树种	造林年度	平均林龄	径阶_因子	株数_详细	平均树高
1	2002_2	人杨	1999	13	24	30	15
2	2005_1	人杨	1999	13	22	8	15
3	2005_2	人杨	1999	12	22	27	14

（续）

小班数	关键值	树种	造林年度	平均林龄	径阶_因子	株数_详细	平均树高
4	2005_4	人杨	1999	13	18	30	14
5	5002_34	人杨	1999	13	16	78	14
6	4004_46	人杨	1999	13	8	76	12
7	4004_12	人杨	1999	13	10	52	10
8	9008_1009	人杨	1999	13	10	52	13

注：此表中数据为获得的1999年造林的人工杨树的全部小班数据，径阶因子的范围为8～24厘米，8个小班的平均径阶因子为16.25厘米；树高的范围为10～15厘米，8个小班的平均树高为13.38厘米。

参 考 文 献

安玉英，李绍文．效用函数与风险型损益值决策［J］．统计研究，1986（4)：69－76.

曹建华，沈彩周．基于林业政策的商品林经营投资收益与投资风险研究［J］．林业科学，2006，42（2)：120－124.

曹容宁．营林项目风险评估、决策与防范体系研究［D］．南京：南京林业大学，2007：23－24.

陈立文，殷亮，孙静．效用理论在风险型投资决策中的应用［J］．天津纺织工学院学报，2000，19（6)：26－29.

陈钦，刘伟平．福建省人工用材林收益与风险分析［J］．林业科学，2006，42（2)：93－97.

单汨源，冯晓研．决策者效用对供应链风险管理的影响研究［J］．现代管理科学，2005（12)：6－8.

杜纪山．退耕还林中如何认定生态林与经济林［J］．林业经济，2003（4)：18－19.

付洁．基于管理者风险偏好的上市公司盈余管理研究［D］．大连：大连理工大学，2009：24－25.

傅祥浩．风险决策与效用理论［J］．上海海运学院学报，1991（2)：1－9.

郭春燕．期望效用理论与风险排序［D］．石家庄：河北师范大学，2004：6－7.

郭福华，邓飞其．期望未来损失约束下的最优投资问题［J］．管理科学学报，2009，12（2)：54－59.

胡凤林，韩士专．效用曲线对避免风险型决策者的应用分析［J］．商业经济，2009（1)：16－18.

姜青舫．关于构造效用函数的一个新定理［J］．运筹学杂志，1990，9（2)：45－46.

姜青舫．现代效用及其数学模型［J］．运筹学杂志，1991，10（1）：1－14．

姜青舫．含随机参数非线性方程组解的存在性、唯一性及算法与效用函数计算公式的导出［J］．高学校计算数学学报，2002（3）：273－282．

姜树元，姜青舫．定常风险偏好效用函数式及其参数确定问题［J］．中国管理科学，2007，15（1）：16－20．

雷加富．关于非公有制林业发展的思考［M］．北京：中国林业出版社，2008：2－16．

李锋，魏莹．一种改进的基于效用理论的TOPSIS决策方法［J］．系统管理学报，2008，17（1）：82－86．

李万军，王建明．风险决策中信息的效用分析［J］．运筹与管理，1997，6（4）：68－72．

李兴国，张薇，顾东晓．基于效用指标的风险度量及控制策略研究［J］．计算机工程与设计，2008，29（4）：1001－1003．

李永春．科学决策知识讲座（第八讲　不重复性风险型决策的效用标准）［J］．企业管理，1995（8）：44－46．

廖文梅，彭泰中，曹建华．农户林地流转决策行为影响因素分析——以江西为例［J］．林业经济，2010（5）：39－43．

林昌庚．关于实验形数（一）［J］．林业资源管理，1974（2）：11－19．

林翔岳．第六讲　风险决策［J］．水利规划，1994（3）：58－65．

罗伯勋，卢本捷．投资者风险厌恶的变量［J］．系统工程，1997，15（1）：37－42．

潘家坪，常继锋，姚萍，等．商品林投资风险的类型、成因与对策分析［J］．林业经济问题（双月刊），2008，28（2）：121－125．

孙家乐．决策中效用曲线的模糊分析法［J］．预测，1989（2）：34－38．

孙圆．江苏杨树生长与收获预估模型及其用表编制的研究［D］．南京：南京林业大学：2006：30－31．

王春梅，王金达，刘景双，等．东北地区森林资源生态风险评价研究［J］．应用生态学报，2003，14（6）：863－866．

王宁，翟印礼．生态林与经济林经营者风险偏好分析［J］．农业技术经济，2012（10）：88－95．

王宁，翟印礼．生态林规模影响个体经营者风险规避度分析［J］．农业技术经济，2013（4）：102－107．

王宁，杨学丽，齐瑛，等．黑龙江垦区生态林经营者低风险规避度原因分析［J］．黑龙江八一农垦大学学报，2013（4）：78-81.

西爱琴．农业生产经营风险决策与管理对策研究［D］．杭州：浙江大学，2006：45-69.

肖风劲，欧阳华，程淑兰，等．中国森林健康生态风险评价［J］．应用生态学报，2004，15（2）：349-353.

肖翔，许伯生，李路．单时期证券市场中对数效用函数的投资组合［J］．上海工程技术大学学报，2010，32（4）：324-327.

肖翔，许伯生，李路．单时期证券市场中负指数效用函数的消费投资组合［J］．上海工程技术大学学报，2011，25（2）：177-180.

谢益林．桉树人工林风险分析与可持续经营研究［J］．桉树科技，2008，25（1）：52-56.

严武．效用决策理论在风险决策分析中的应用［J］．当代财经（江西财经学院学报），1992（2）：35-38.

姚升保，岳超源，崔万安，陈阳．效用值为区间数的风险型决策问题分析［J］．华中科技大学学报（自然科学版），2005，33（2）：102-104.

岳建民．牡丹江林区培育杨树速生丰产林技术经济预测［J］．预测，1983（5）：98-100.

张璞，薛红，王青．具有指数效用函数的组合投资研究［J］．西北纺织工学院学报，1999，13（4）：377-381.

赵贝贝．山东省107-杨树速生丰产林生长预测模型及成熟龄的研究［D］．泰安：山东农业大学，2010：21-22.

赵志策，张蕾．效用函数在IT风险评估中应用［J］．计算机系统应用，2008（10）：103-106.

郑建锋，陈钦，黄种发．福建省商品林投资风险评价［J］．中国农学通报，2010，26（19）：112-115.

Agresti Alan，Wackerly Dennis. Some exact conditional tests of independence for R×C cross-classification tables［J］. Psychometrika，1977，42（1）：111-125.

Anderson J. R. Dillon J. L. Risk analysis in drylandfarming systems［R］. Farming Systems Management Series No. 2. Food and Agriculture Organization of the united nations，Rome，1992：39-72.

Andersson Mats, Gong Peichen. Risk preferences, risk perceptions and timber harvest decisions—An empirical study of nonindustrial private forest owners in northern Sweden [J]. Forest Policy and Economics, 2010, 12 (5): 330 - 339.

Andrés J. Picazo - Tadeo and Alan Wall. Production risk, risk aversion and the determination of risk attitudes among Spanish rice producers [J]. Agricultural Economics, 2011, 42 (4): 451 - 464.

Armstrong G. W. Phillips W. E. Beck J. A. JR. Optimal timber harvest scheduling under harvest volume constraints: a comparison of two opportunity cost criteria [J]. Can. J. Forest Research, 1992 (22): 497 - 503.

Arrow Kenneth J. Essays on the theory of risk bearing [M]. Markham Publishing Co, Chicago: 1971: 90 - 133.

Arrow Kenneth Joseph. The role of securities in the optimal allocation of risk-bearing [J]. The Review of Economic Studies, 1964, 31 (2): 91 - 96.

Arrow Kenneth Joseph. 1965. Aspects of the theory of risk - bearing. [C] // Helsinki: Yrjö Jahnssonin Säätiö, 1965, lecture 2, reprinted in: Collected Papers of Kenneth J. Arrow. V. 3. Individual choice under certainty and uncertainty. The Belknap Pr. Of Harvard Univ. Pr. , 1984: 147 - 171.

Arrow Kenneth Joseph. Essays in the theory of risk - bearing [J]. The Journal of Business, 1974, 47 (1): 96 - 98.

Bedeian Arthur G. Armenakis Achilles A. A program for computing Fisher's exact probability test and the coefficient of association for $m \times n$ contingency tables [J]. Educational and Psychological Measurement, 1977, 37 (1): 253 - 256.

Binici Turan. The risk attitudes of farmers and the socioeconomic factors affecting them: A case study for Lower Seyhan Plain farmers in Adana Province, Turkey [R]. Working Paper Ankara, 2001: 1 - 11.

Binici Turan. Risk Attitudes of Farmers in Terms of Risk Aversion: A case study of Lower Seyhan Plain farmers in Adana Province, Turkey [J]. Turkish journal of agriculture & forestry, 2003, 27 (5): 305 - 312.

Blennow Kristina, Sallnäs Ola. Risk perception among non - industrial private forest owners [J]. Scandinavian Journal of Forest Research, 2002, 17 (5): 472-479.

Bower Keith M. When to use Fisher's exact test [J]. ASQ Six Sigma Forum mgazine, 2003 (8): 1-5.

Bwala M. A. Bila Y. Analysis of famers' risk aversion in South Borno, Nigeria 2003 [J]. Global Journal of Agricultural Science, 2009, 8 (1): 7-11.

Carle Jim, Vuorinen Petteri, Lungo Alberto Del. Status and trends in global forest plantation development [J]. Forest Products Journal, 2002, 52 (7-8): 12-23.

Carr Wendell E. Fisher's exact test extended to more than two samples of equal size [J]. Technometrics, 1980, 22 (2): 269-270.

Ceyhan V. Demiryurek K. Exploring and comparing risk attitudes of organic and non-organic hazelnut products in Samsun province of Turkey [R]. ISHS Acta Horticulturae 845: VIIInternational Congress on Hazelnut, 2009: 789-794.

Eid T. Hoen H. F. øKseter P. Timber production possibilities of the Norwegian forest area and measures for a sustainable forestry [J]. Forest Policy and Economics, 2002, 4 (3): 187-200.

Enters T. Durst P. B. Brown C. What does it take to promote forest plantation development? Incentives for tree-growing in countries of the Pacific Rim [J]. Unasylva, 2003, 54 (212): 11-18.

Gardebroek Cornelis, Chavez María Daniela, Lansink Alfons Oude. 2010. Analysing production technology and risk in organic and conventional Dutch arable farming using panel data [J]. Journal of Agricultural Economics, 2010, 61 (1): 60-75.

Gardebroek Cornelis. Comparing risk attitudes of organic and non-organic farmers with a Bayesian random coefficient model [J]. European Review of Agricultural Economics, 2006, 33 (4): 485-510.

Gong Peichen, Löfgren Karl-Gustaf. Risk-aversion and the short-run supply of timber [J]. Forest Science, 2003, 49 (5): 647-656.

Gong Peichen. Risk Preferences and Adaptive Harvest Policies for Even-Aged stand management [J]. Forest Science, 1998, 44 (4): 496-506.

Hardaker J. Brian, Richardson James W. Lien Gudbrand, Schumann Keith D. Stochastic efficiency analysis with risk aversion bounds: a simplified approach [J]. The Australian Journal of Agricultural and Resource Economics, 2004, 48 (2): 253 - 270.

Hardaker J. Brian. Some issues in dealing with risk in agriculture [R]. Working Papers Series in Agricultural and Resource Economics. University of New England Graduate School of Agricultural and Resource Economics, 2000: 1 - 18.

Harvey A. Estimating regression models with multiplicative heteroscedasticity [J]. Econometrica, 1976 (44): 461 - 465.

Just Richard E. Pope Rulon D. Stochastic specification of production functions and economic implications [J]. Journal of Econometrics, 1978. 7 (1): 67 - 86.

Just Richard E. Pope Rulon D. Agricultural risk analysis: Adequacy of models, data, and issues [J]. American Journal of Agricultural Economics, 2003. 85 (5) 1249 - 1256.

Just Richard E. Pope Rulon D. Production function estimation and related risk considerations [J]. American Journal of Agricultural Economics, 1979, 61 (2): 276 - 284.

Koesling Matthias, Ebbesvik Martha, Lien Gudbrand, Flaten Ola, Valle Paul Steinar, Arntzen Halvard. Risk and risk management in organic and conventional cash crop farming in Norway [J]. Acta Agriculturae Scandinavica, Section C: Food Economics, 2004, 1 (4): 195 - 206.

Koundouri Phoebe, Laukkanen Marita, Myyrä Sami, Nauges Céline. The effects of EU agricultural policy changes on farmers' risk attitudes [J]. European Review of Agricultural Economics, 2009, 36 (1): 53 - 77.

Kumbhakar Subal C. , Tsionas Efthymios G. Estimation of production risk and risk preference function: a nonparametric approach [J]. Annals of Operations Research, 2010, 176 (1): 369 - 378.

Laura Schechter. Risk aversion and expected - utility theory: A calibration exercise [J]. Journal of Risk and Uncertainty, 2007, 5 (1): 67 - 76.

Lien G. Størdal S. Hardaker J. B. Asheim L. J. Risk aversion and optimal forest replanting: A stochastic efficiency study [J]. European Joural of operation Research, 2007, 181 (3): 1584 - 1592.

Lien Gudbrand. Non - parametric estimation of decision makers' risk aversion [J]. Agricultural Economics, 2002, 27 (1): 75 - 83.

Löunnstedt Lars, Svensson Jan. Non - industrial private forest owners' risk preferences [J]. Scandinavian Journal of Forest Research, 2000, 15 (6): 651 - 660.

Mehta Cyrus R. Patel Nitin R. A network algorithm for performing Fisher's exact test in $f \times c$ contingency tables [J]. Journal of the American Statistical Association, 1993, 78 (382): 427 - 434.

Mielke Paul W. Jr. Berry Kenneth J. Fisher's exact probability test for cross - classification tables [J]. Educational and Psychological Measurement, 1992, 52 (1): 97 - 101.

Olarinde Luke O. Manyong Victor M. Akintola Jacob O. Factors influencing risk aversion among maize farmers in the Northern Guinea Savanna of Nigeria: Implications for sustainable crop development programmes [J]. Journal of Food, Agriculture & Environment, 2010, 8 (1): 128 - 134.

Picazo - Tadeo Andrés J. Wall Alan. Production risk, risk aversion and the determination of risk attitudes among Spanish rice producers [J]. Agricultural Economics, 2011, 42 (4): 451 - 464.

Pratt John W. Risk Aversion in the Small and in the Large [J]. Econometrica, 1964, 32 (1 - 2): 122 - 136.

Raskin R. Cochran M. J. Interpretations and transformations of scale for the pratt - arrow absolute risk aversion coefficient: Implications for generalized stochastic dominance [J]. Western Journal of Agricultural Economics, 1986, 11 (2): 204 - 210.

Raskin Rob, Cochran Mark J. Interpretations and Transformations of Scale for the Pratt - Arrow Absolute Risk Aversion Coefficient: Implications for Generalized Stochastic Dominance [J]. Western Journal of Agricultural Economics, 1986, 11 (2): 204 - 210.

Roberto C. YAP. Option valuation of Philippine forest plantation leases [J]. Environment and Development Economics, 2004, 9 (3): 315 - 333.

Saha Atanu. Expo－Power Utility：A "Flexible" Form for Absolute and Relative Risk [J]. American Journal of Agricultural Economics，1993，75 (4)：905－913.

Saha Atanu. Risk preference Estimation in the nonlinear mean standard deviation approach [J]. Economic Inquiry，1997，35 (4)：770－782.

Serra Teresa，Zilberman David，Gil José M. Differential uncertainties and risk attitudes between conventional and organic producers：the case of Spanish arable crop farmers [J]. Agricultural Economics，2008 (39)：219－229.

Tauer Loren W. Risk preferences of dairy farmers [J]. North Central Journal of Agricultural Economics，1986，8 (1)：7－15.

Torkamani J. Haji－Rahimi M. Evaluation of Farmer's Risk Attitudes Using Alternative Utility Functional Forms [J]. J. Agric. Sci. Technol，2001 (3)：243－248.

Uusivuori Jussi. Nonconstant risk attitudes and timber harvesting [J]. Forest Science，2002，48 (3)：459－470.

Whiteman A. Money doesn't grow on trees：a perspective on prospects for making forestry pay [J]. Unasylva，2003，54 (212)：3－10.

Yin Runsheng，Newman David H. A timber producer's entry，exit，Mothballing and reactivation decisions under market risk [J]. Journal of Forest Economics，1999，5 (2)：305－320.

Zuhair Sugu M. M. Taylor Daniel B. Kramerc Randall A. Choice of utility function form：its effect on classification of risk preferences and the prediction of farmer decisions [J]. Agricultural Economics，1992，6 (4)：333－344.

图书在版编目（CIP）数据

生态林经营者风险规避度研究：基于黑龙江垦区的实证分析 / 王宁著 .—北京：中国农业出版社，2015.10
ISBN 978-7-109-20950-3

Ⅰ.①生… Ⅱ.①王… Ⅲ.①生态型-森林-经营管理-研究 Ⅳ.①S718.55

中国版本图书馆 CIP 数据核字（2015）第 228924 号

中国农业出版社出版
（北京市朝阳区麦子店街 18 号楼）
（邮政编码 100125）
责任编辑 刘明昌

中国农业出版社印刷厂印刷 新华书店北京发行所发行
2015 年 10 月第 1 版 2015 年 10 月北京第 1 次印刷

开本：850mm×1168mm 1/32 印张：5.875
字数：160 千字
定价：25.00 元